Lehrbuch

der

ebenen und sphärischen Trigonometrie.

Für die obern Classen der Gymnasien

bearbeitet

von

J. G. Graßmann,
Professor am Gymnasio zu Stettin.

Berlin,
gedruckt und verlegt bei G. Reimer.
1835.

Vorrede.

Das kleine Lehrbuch der Trigonometrie, welches hier dem Publico vorliegt, soll zwar einen Theil eines größeren, den Gymnasialcursus umfassenden Lehrbuchs der Mathematik ausmachen, ist indeß auch unabhängig von demselben zu gebrauchen. Es ist zunächst für meinen eigenen Unterricht in den beiden obersten Classen bestimmt, und hat demselben, was den befolgten Lehrgang betrifft, eigentlich schon lange zum Grunde gelegen. Wie vortheilhaft es aber auch sein mag, wenn der Schüler nach dem Vortrage des Lehrers selbst arbeitet, und dadurch genöthigt wird, alles noch einmal selbständig zu durchdenken, zu begründen und zu ordnen, so läßt sich doch nicht leugnen, daß damit auch mancherlei Uebelstände verbunden sind. Wenn auch bei möglichst ermäßigten Forderungen seine freie Zeit nicht zu sehr dadurch in Anspruch genommen wird, so sieht sich der Lehrer durch die Berücksichtigung jener Leistungen doch in Ansehung der zu stellenden Aufgaben oft zu sehr beschränkt; der Schüler aber ist der Gefahr ausgesetzt, daß aus unrichtiger Auffassung entstandene Mißverständnisse sich festsetzen und wuchern ehe sie entdeckt werden, und daß ihm die Mittel fehlen sie ohne Hülfe des Lehrers zu heben. — Dann aber, und das scheint keinesweges ein geringfügiger Umstand zu sein, wird es dem Schüler schwer sich bei Krankheiten, oder Versäumnissen irgend einer Art bald wieder in den Zusammenhang zu setzen, welches aus den unvollkommenen Heften der Mitschüler immer nur mangelhaft geschehen kann. Wenn diese Betrachtungen die Einführung eines Lehrbuchs, welches sich dem Unterrichte nahe anschließt, wünschenswerth machen, so entschließt sich der Lehrer, dem im Laufe der Zeit, und bei oftmals wiederholten Vortrage gewisser Vorstellungen, ein gewisser Gang, eine bestimmte Methode lieb geworden, und der sich innerhalb derselben am freisten und erfolgreichsten bewegt, um so schwerer diese aufzugeben, und sich einem andern Gange anzuschließen, jemehr Eigenthümliches sich ihm im Laufe der Zeit dargeboten hat, und je fester es mit seinem Gedankensystem verwachsen ist. Dennoch möchte der Verfasser seine Bedenklichkeiten die große Anzahl der Lehrbücher durch ein neues zu vermehren kaum überwunden haben, wenn nicht der bestimmt ausgesprochene Wille der höchsten Behörde dem ganzen mathematischen Schulcursus auf jedem Gymnasio ein und dasselbe Lehrbuch zum Grunde zu legen, keine andre Wahl gelassen hätte, als entweder ein solches zu schreiben, oder unter den bereits genehmigten eins auszuwählen. — Glücklicherweise war ich mit meinem Collegen, dem Oberlehrer Scheibert, welchem der mathematische Unterricht in den mittlern Classen übertragen ist, in so vollkommener Uebereinstimmung, daß wir mit Zuversicht hoffen durften unsre beiden Lehrbücher, wenngleich von zweien Verfassern, dennoch wie aus Einem Gusse hervorgehn zu sehn, und so für Ein Ganzes geben zu können. — Natürlich mußte das Seinige voraufgehn, und ist Michaelis v. J. in demselben Verlag und in gleicher Ausstattung erschienen *). Unterdeß erscheint hier der von jener Grundlage unabhängigste Theil, die Trigonometrie, welchem die übrigen Theile des Lehrbuchs für die obern Classen so bald als möglich folgen, und Arithmetik und Algebra, allgemeine und geometrische Combinationslehre, Geometrie und Stereometrie enthalten sollen. Der Hauptgedanke dabei ist, das Pensum der frühern Classen noch einmal aufzunehmen, es in einem zusammenhängend fortlaufenden Vertrage zu einer kurzen systematischen Uebersicht möglichst klar zusammenzustellen, und in ähnlicher Weise auch das übrige zu behandeln. Der Verfasser verspricht sich hiervon mehrere Vortheile. Zunächst wird es dadurch möglich manche allgemeine Begriffe durchzugehn und zu erläutern, welche für den ersten Unterricht durchaus nicht gehören, und von dem Anfänger nicht verstanden werden können. — Sodann giebt gerade der Umstand, daß hier dem Schüler ein schon bekannter Stoff unter anderer Form dargeboten wird, die beste Gelegenheit zur Vergleichung und die schicklichste Einleituug zum Selbststudium mathematischer Schriften, und soll ihn in den Stand setzen, den ferner fortlaufenden Vortrag in die übliche mathematische Form von Erklärung, Lehrsatz, Beweis u. s. w. zu bringen, als worin ein Theil der mündlichen und schriftlichen Uebungen bestehen kann. — Endlich stellt

*) Lehrbuch der Arithmetik und ebenen Geometrie für die mittlern Classen der Gymnasien bearbeitet von C. G. Scheibert. Berlin bei Reimer, 1834.

derselbe Umstand das Lehrbuch in Ansehung der Arithmetik und Geometrie etwas freier, und gestattet, da es sich schon auf ein anderes beziehn kann, das Gleichartige mehr zusammenzuhalten, und es mehr auf eine combinatorische selbst zu erzeugende Uebersicht anzulegen, als dieses bei einem ersten Lehrbuche, bei welchem die Rücksicht auf diejenigen Sätze, welche man für nachfolgende Beweise braucht, die überwiegende sein muß, geschehen kann, auch sich nach manchen Seiten hin mehr auszudehnen. Ein von Sachverständigen ausgesprochenes Urtheil über diesen Plan würde sehr erwünscht sein.

In dem vorliegenden Lehrbuche ist der Hauptsache nach der synthetische Gang gewählt, und analytische Fortschreitungen entweder nur durch einfache Substitutionen vermittelt, oder eine ausführliche Entwickelung dem Lehrer überlassen, der Gang derselben aber doch so angedeutet, daß der aufmerksame Schüler sie auch selbst zu finden im Stande ist. Die Trigonometrie ist zwar ihrem Wesen nach analytisch, und es mag sich die größte Consequenz und Kürze nur auf diese Weise erreichen lassen, aber die rein analytische Trigonometrie eignet sich, meiner Ueberzeugung nach, nicht für den Anfänger, der nur so lange weiß, wo er ist, nur so lange festen Boden unter sich fühlt, als der Hinblick und die unmittelbare Beziehung auf die Figur ihn immer wieder orientirt und zurechtstellt. Ueberdieß bedarf es für eine rein analytische Trigonometrie keines Lehrbuches, wenigstens keines in den Händen des Schülers. Auch der geübtere Mathematiker kann einer ihm nicht schon sonst bekannten eigermaßen zusammengesetzten analytischen Entwickelung nur mit der Feder in der Hand folgen, um so weniger der Anfänger. Dieser muß jeden Schritt selbst thun, jede Formel selbst niederschreiben, wenn er sie einigermaßen verstehen soll, und dieß geschieht am besten unter An' itung des Lehrers in der Lehrstunde selbst, wobei gleichzeitig auch eine zahlreiche Classe angestrengt und sicher beschäftigt werden kann. Das Lehrbuch in den Händen des Schülers wird dabei mehr hindernd als fördernd, sofern es die zu findenden Resultate schon anticipirt, nnd der Entwickelung das Interesse raubt. Ein nochmaliges Durcharbeiten, und möglichst sauberes Eintragen in die Hefte ist eine wenig Zeit raubende aber nützliche Beschäftigung. Ich würde auch hier die Ableitung der trigonometrischen Formeln (§. 35—53) weggelassen haben, wenn sie mir nicht theils zum Behufe der Repetition, insbesondere aber zum Allegiren bei Auflösung von Aufgaben nothwendig geschienen hätte. Hierbei ist es denn auch bequem die Formeln unmittelbar hinter einander vor Augen zu haben, um eine umznwandelnde Form mit den in der Tafel vorhandenen vergleichen zu können. Die Tafel ist doppelt abgedruckt, um, wenn nicht beide, doch ein Exemplar auch außer dem Lehrbuche zum nächsten Handgebrauch sich bereit zu legen. Eine andre Tafel enthält die Hauptformeln, welche jeder zugleich im Gedächtniß haben, und bis in ihrem ersten Grund hinab zugleich überschauen muß.

Da die sphärische Trigonometrie hier vor der Stereometrie erscheint, so sind daraus einige, jedoch aus jedem Lehrbucpe der Stereometrie und der Sphärik leicht zu beseitigeude Uebelstände entstanden, welche sich durch eine rein analytische Behandlung freilich leicht hätten beseitigen lassen. — Es ist in derselben überall darauf gerechnet, daß das Verhältniß eines Dreiecks zu seinen Nebendreiecken und zu seinem Polardreieck stets klar vor Augen schwebe, und die Anschauung davon bis zur vollkommenen Geläufigkeit geübt werde. Zu diesem Ende möchte ich hier noch auf das Parallelepipedum aufmerksam machen, welches nicht nur in seinen äußerlichen Ecken jedesmal 8 auf der Kugel zusammengehörige Dreiecke darstellt, sondern auch (nach §. 196 und 197) senkrecht auf je 4 Flächen durchschnitten, mit den Trägern der Flächen zugleich die 8 innerlichen Ecken als Polardreiecke von jenen angiebt, ein Verhältniß, was in vieler Beziehung merkwürdig und folgenreich ist. — In der Ableitung der Neperschen und Gaußischen Gleichuugen (§. 259—261) bin ich hauptsächlich einem trefflichen Aufsatze von Bretschneider in dem Crellschen Journal für reine und angewandte Mathematik (Bd. 13, Hft. 1 und 2) gefolgt, und habe diesen nur einige damit nahe zusammenhängende Formeln beigefügt. — Ueber die zweckmäßige Einrichtung einer Beispiel- und Aufgabensammlung, welche zu einem mathematischen Lehrbuche eigentlich immer gehört, denke ich an einem andern Orte meine Ansichten auszusprechen.

Stettin den 7ten Juli 1835.

J. G. Graßmann.

Inhalt.

Ebene Trigonometrie.

Sphärische Trigonometrie.

Trigonometrische Gleichungen.

1. $\sin x^2 + \cos x^2 = 1$; $\sin x = \sqrt{(1 - \cos x^2)}$; $\cos x = \sqrt{(1 - \sin x^2)}$
2. $\sec x^2 - \operatorname{tg} x^2 = 1$; $\sec x = \sqrt{(1 + \operatorname{tg} x^2)}$; $\operatorname{tg} x = \sqrt{(\sec x^2 - 1)}$
3. $\operatorname{cosec} x^2 - \operatorname{cotg} x^2 = 1$; $\operatorname{cosec} x = \sqrt{(1 + \operatorname{cotg} x^2)}$; $\operatorname{cotg} x = \sqrt{(\operatorname{cosec} x^2 - 1)}$
4. $\operatorname{tg} x \,.\, \operatorname{cotg} x = 1$; $\operatorname{tg} x = \frac{1}{\operatorname{cotg} x}$; $\operatorname{cotg} x = \frac{1}{\operatorname{tg} x}$
5. $\sin x \,.\, \operatorname{cosec} x = 1$; $\sin x = \frac{1}{\operatorname{cosec} x}$; $\operatorname{cosec} x = \frac{1}{\sin x}$
6. $\cos x \,.\, \sec x = 1$; $\cos x = \frac{1}{\sec x}$; $\sec x = \frac{1}{\cos x}$
7. $\operatorname{tg} x = \frac{\sin x}{\cos x}$; $\sin x = \cos x \,.\, \operatorname{tg} x$; $\cos x = \frac{\sin x}{\operatorname{tg} x}$
8. $\operatorname{cotg} x = \frac{\cos x}{\sin x}$; $\cos x = \sin x \,.\, \operatorname{cotg} x$; $\sin x = \frac{\cos x}{\operatorname{cotg} x}$
9. $\operatorname{sinvers} x = 1 - \cos x$
10. $\operatorname{cosinvers} x = 1 - \sin x$.

---

11. $\sin(x + y) = \sin x \,.\, \cos y + \cos x \,.\, \sin y$
12. $\sin(x - y) = \sin x \,.\, \cos y - \cos x \,.\, \sin y$
13. $\cos(x + y) = \cos x \,.\, \cos y - \sin x \,.\, \sin y$
14. $\cos(x - y) = \cos x \,.\, \cos y + \sin x \,.\, \sin y$
15. $\operatorname{tg}(x \pm y) = \frac{\operatorname{tg} x \pm \operatorname{tg} y}{1 \mp \operatorname{tg} x \,.\, \operatorname{tg} y}$
16. $\operatorname{cotg}(x \pm y) = \frac{1 \mp \operatorname{tg} x \,.\, \operatorname{tg} y}{\operatorname{tg} x \pm \operatorname{tg} y}$
17. $\sin 2x = 2 \sin x \,.\, \cos x$ . . . . . . Aus F. 11.
18. $\cos 2x = \cos x^2 - \sin x^2 = 1 - 2 \,.\, \sin x^2 = 2 \cos x^2 - 1$ 13.1.
19. $\operatorname{tg} 2x = \frac{2 \operatorname{tg} x}{1 - \operatorname{tg} x^2}$ . . . . 15.
20. $\operatorname{cotg} 2x = \frac{1 - \operatorname{tg} x^2}{2 \operatorname{tg} x}$
21. $2 \sin \tfrac{1}{2} x^2 = 1 - \cos x$; $\sin \tfrac{1}{2} x = \sqrt{\left(\frac{1 - \cos x}{2}\right)}$ . . 18.
22. $2 \cos \tfrac{1}{2} x^2 = 1 + \cos x$; $\cos \tfrac{1}{2} x = \sqrt{\left(\frac{1 + \cos x}{2}\right)}$. 18.
23. $\operatorname{tg} \tfrac{1}{2} x = \sqrt{\left(\frac{1 - \cos x}{1 + \cos x}\right)} = \frac{\sin x}{1 + \cos x} = \frac{1 - \cos x}{\sin x}$ 21.22.1.
24. $\operatorname{cotg} \tfrac{1}{2} x = \sqrt{\left(\frac{1 + \cos x}{1 - \cos x}\right)} = \frac{1 + \cos x}{\sin x} = \frac{\sin x}{1 - \cos x}$

25. $\sin\frac{1}{2}x = \frac{1}{2}\sqrt{(1+\sin x)} - \frac{1}{2}\sqrt{(1-\sin x)}$. Aus F. 21

26. $\cos\frac{1}{2}x = \frac{1}{2}\sqrt{(1+\sin x)} + \frac{1}{2}\sqrt{(1-\sin x)}$ 22

27. $\sin(x+y) + \sin(x-y) = 2\sin x \,.\, \cos y$ 11.12

28. $\cos(x+y) + \cos(x-y) = 2\cos x \,.\, \cos y$ 13.14

29. $\sin(x+y) - \sin(x-y) = 2\cos x \,.\, \sin y$

30. $\cos(x-y) - \cos(x+y) = 2\sin x \,.\, \sin y$

Setzt man in diesen Formeln $x+y=a$, $x-y=b$ mithin $x = \frac{1}{2}(a+b)$, $y = \frac{1}{2}(a-b)$, so wird:

31. $\sin a + \sin b = 2\sin\frac{1}{2}(a+b)\,\cos\frac{1}{2}(a-b)$ . . . . 27.

32. $\cos a + \cos b = 2\cos\frac{1}{2}(a+b)\,\cos\frac{1}{2}(a-b)$ . . . . 28.

33. $\sin a - \sin b = 2\cos\frac{1}{2}(a+b)\,\sin\frac{1}{2}(a-b)$ . . . . 29.

34. $\cos b - \cos a = 2\sin\frac{1}{2}(a+b)\,\sin\frac{1}{2}(a-b)$ . . . . 30.

35. $\dfrac{\sin a + \sin b}{\cos a + \operatorname{sos} b} = \operatorname{tg}\frac{1}{2}(a+b)$ . . . . 31.32.

36. $\dfrac{\sin a - \sin b}{\cos a + \cos b} = \operatorname{tg}\frac{1}{2}(a-b)$ . . . . 33.32.

37. $\dfrac{\sin a + \sin b}{\cos b - \cos a} = \operatorname{cotg}\frac{1}{2}(a-b)$ . . . . 31.34.

38. $\dfrac{\sin a - \sin b}{\cos b - \cos a} = \operatorname{cotg}\frac{1}{2}(a+b)$ . . . . 33.34.

39. $\dfrac{\sin a + \sin b}{\sin a - \sin b} = \operatorname{tg}\frac{1}{2}(a+b)\,\operatorname{cotg}\frac{1}{2}(a-b)$ . . . . 31.33.

40. $\dfrac{\cos a + \cos b}{\cos b - \cos a} = \operatorname{cotg}\frac{1}{2}(a+b)\,\operatorname{cotg}\frac{1}{2}(a-b)$ . . . 32.34.

41. $\dfrac{\sin(x+y)}{\cos x \,.\, \cos y} = \operatorname{tg} x + \operatorname{tg} y$ 11

42. $\dfrac{\sin(x+y)}{\sin x \,.\, \sin y} = \operatorname{cotg} x + \operatorname{cotg} y$ . . . . . . 11.

43. $\dfrac{\sin(x-y)}{\cos x \,.\, \cos y} = \operatorname{tg} x - \operatorname{tg} y$ 12

44. $\dfrac{\sin(x-y)}{\sin x \,.\, \sin y} = \operatorname{cotg} y - \operatorname{cotg} x$ . . . . 12.

45. $\dfrac{\sin(x+y)}{\sin x + \sin y} = \dfrac{\cos\frac{1}{2}(x+y)}{\cos\frac{1}{2}(x-y)}$ . . . . 17.31.

46. $\dfrac{\sin(x+y)}{\sin x - \sin y} = \dfrac{\sin\frac{1}{2}(x+y)}{\sin\frac{1}{2}(x-y)}$ . . . . . . 17.33.

47. $\dfrac{\sin(x-y)}{\sin x + \sin y} = \dfrac{\sin\frac{1}{2}(x-y)}{\sin\frac{1}{2}(x+y)}$

48. $\dfrac{\sin(x-y)}{\sin x - \sin y} = \dfrac{\cos\frac{1}{2}(x-y)}{\cos\frac{1}{2}(x+y)}$

Ebene Trigonometrie.

Begriff der Trigonometrie.

1. Wenn in einer geometrischen Aufgabe die gegebenen und gesuchten Stücke unter sich, und die einen mit den andern gleichartig sind, und wenn man durch geometrische Lehrsätze den Zusammenhang kennt, in welchem die gegebenen Stücke mit den gesuchten stehen, so kann man die letztern aus den erstern, vorausgesetzt, daß sie als gemessene Größen, mithin in Zahlen, gegeben sind, auch durch Rechnung finden. So findet man den Polygonwinkel einer regelmäßigen Figur aus dem Centriwinkel, die Seiten eines Dreiecks aus den Seiten eines ähnlichen Dreiecks, u. s. w.; indem man die Rechnung auf geometrische Gegenstände wie auf Gegenstände irgend anderer Art anwendet.

Es sind einige Fälle aufzusuchen, in welchen die Rechnung auf die Geometrie ohne weitere Vorbereitung angewandt werden kann.

2. Auch wenn die in einer Rechnung vorkommenden Stücke gar nicht gleichartig sind, aber doch so von einander abhängen, daß die eine Art von Größen der andern proportional, oder doch nach irgend einem leicht übersehbaren Verhältnisse wächst oder abnimmt, ist die Anwendung der Arithmetik auf die Geometrie keine andere als die gewöhnliche. (Beisp. Winkel am Mittelpunkt und Kreisbogen.)

3. Wenn aber aus den Seiten eines Dreiecks seine Winkel, oder aus gewissen Seiten und Winkeln einer Figur andere Seiten und andere Winkel hergeleitet werden sollen, kurz wenn die Data und Quäsita hier ungleichartig sind, so reicht der gemeine Gebrauch der Arithmetik für die Geometrie nicht mehr aus, sondern es werden hierzu eigene Kunstmittel erfordert, welche die Trigonometrie gewähren soll.

4. Die Geometrie hat nämlich 2 Arten der Construction — die Fortschreitung nach Einer Richtung, und die Veränderung dieser Richtung, oder die Schwenkung (Postulate), und erzeugt dadurch einerseits die Lineargröße, oder die Länge, andrerseits die Winkelgröße, oder schlechthin den Winkel. Beide hängen aber da, wo sie in Verbindung treten, wie in den Figuren, nicht auf eine so einfache Weise von einander ab, daß man sie ohne Weiteres aus einander durch Rechnung herleiten könnte.

5. Der Zweck der Trigonometrie ist nun, diese beiden Elemente der Geometrie, die Lineargröße und die Winkelgröße — welche man der Kürze wegen auch durch Länge und Richtung bezeichnen könnte — zu verschmelzen, oder rechnend zu verbinden, und hieraus ergiebt sich ihr Begriff.

Die Trigonometrie ist eine Anwendung der Arithmetik auf die Geometrie, durch welche die beiden Elemente der letztern — die Länge und Richtung — in Verbindung treten, ein Uebergang von dem einen zum andern für die Rechnung vermittelt werden soll.

Jede andere Anwendung der Arithmetik auf die Geometrie, auch wenn sie das Dreieck betrifft, gehört wenigstens nicht der Trigonometrie an.

In welchen Fällen lassen sich aus den in Zahlen gegebenen Stücken eines Dreiecks die übrigen finden? Sätze von der Congruenz durchzugehen — Gewisse Winkel 90° 60° 30° 45° u. s. w. zu setzen.

Gehört der Pythagoräische Lehrsatz nicht eigentlich in die Trigonometrie?

Zusammenhang zwischen den Winkeln und dem Seitenverhältniß eines Dreiecks.

6. Aus der Geometrie ist bekannt, daß Dreiecke, welche gleiche Winkel haben, ähnlich sind. Durch bestimmt angegebene Winkel ist also ein bestimmtes Seitenverhältniß bedingt, und so oft dieselben Winkel in einem Dreiecke wiederkehren, muß dasselbe Seitenverhältniß da sein. Auch umgekehrt, wenn in 2 oder mehr Dreiecken die Seiten proportional sind, so haben sie gleiche Winkel. — Hiernach kann man also unter gewissen Bedingungen aus dem Verhältnisse der Seiten auf Winkel, und aus Winkeln auf Seitenverhältnisse schließen. Es zeigt sich also hier ein Weg zu jener Vermittelung zwischen Länge und Richtung zu gelangen, und damit ist im Allgemeinen der Gang angedeutet, welchen die Trigonometrie zur Erreichung ihres Zweckes zu nehmen hat.

7. Im Dreiecke sind immer nur 2 Winkel willkührlich. Um der Aufgabe, die mit den Seitenverhältnissen zusammengehörigen Winkel zu finden, die möglichste Einfachheit zu geben, beschränke man sich zunächst auf das rechtwinklige Dreieck, in dem außer dem rechten Winkel, nur Ein Winkel willkührlich ist, welcher ein spitzer sein muß. Durch jedes gegebene Verhältniß zweier Seiten, so wie durch jeden Winkel ist das Dreieck seiner Form nach bestimmt, und die übrigen Seitenverhältnisse, wie die Winkel dadurch bedingt. Die Aufgabe ist dann die: für einen jeden Winkel des recht-

winkligen Dreiecks das dazu gehörige Seitenverhältniß zu finden, und umgekehrt. Wir wollen nun zunächst diese Verhältnisse aufstellen und ordnen.

Mögliche Verhältnisse, und deren Ausdruck.

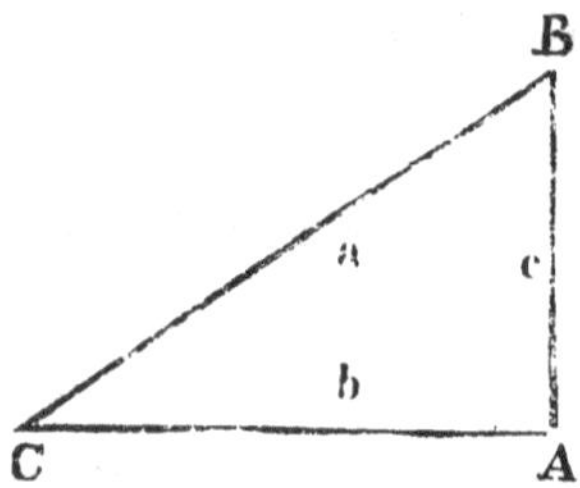

8. Es sei ABC ein bei A rechtwinkliges Dreieck, und a, b, c dessen Seiten. Die 3 Seiten gestatten 3 Complexionen zu 2, d. h. sie geben drei Amben: ab, a c, b c. — Man hat also 3 Verhältnisse zu beachten. — Ein Verhältniß erfordert nun zu seinem Ausdruck nur 2 Zahlen, kann aber durch solche auf sehr mannigfaltige Art dargestellt werden.

9. Unter den möglichen Arten ein Verhältniß auszudrücken, ist auch die, daß entweder die eine oder die andere dieser Zahlen $= 1$ gesetzt wird, und dann reicht eine einzige Zahl hin das Verhältniß zu bezeichnen. Es sei z. B. $a:c = 21:14$, so ist auch $a:c = 12:8 = 6:4 = 3:2 = 1:\frac{2}{3} = \frac{3}{2}:1$, wo etwa im letzten Falle die eine Zahl $\frac{3}{2}$ zur Bezeichnung des Verhältnisses hinreicht. Hier wird zwar die Zahl um so zusammengesetzter, ist indeß das Verhältniß ein irrationales, und sind beide Glieder auf irgend einer Stelle abgebrochene Decimalbrüche, so ist der Gewinn wesentlich, indem die eine Zahl, welche nun das Verhältniß ausdrückt, nicht zusammengesetzter ist, als vorhin jede war.

10. Eine solche Zahl, welche bestimmt ist ein Verhältniß zu bezeichnen, dessen anderes Glied 1 ist, nennt man nun in der Arithmetik den Exponenten des Verhältnisses, besser den Verhältnißfactor, in Beziehung auf den hier davon gemachten Gebrauch aber eine trigonometrische oder go=

niometrische Function, und giebt ihr, jenachdem sie sich auf das eine, oder auf das andere Verhältniß bezieht, und jenachdem darin das eine oder das andere Glied = 1 gesetzt ist, verschiedene Namen, und bezieht sie auf irgend einen der beiden spitzen Winkel des rechtwinkligen Dreiecks, vermöge dessen man zwischen den beiden Katheten als anliegend oder gegenüberstehend unterscheiden kann. Diese Namen sollen also mit einem Worte alle Umstände, auf welche es bei Bezeichnung des Verhältnisses ankommt, hervorheben. Man muß sich ihre Bedeutung daher aufs sorgfältigste merken und geläufig zu machen suchen.

11. Wenn das Verhältniß zweier Linien so ausgedrückt wird, daß dabei die eine gleich 1 gesetzt ist, so kann man dieß allemal als eine Division, oder als ein Messen der einen Linie durch die andere ansehn, und der Quotient ist eine reine Zahl, wie das auch im Begriffe eines Verhältnißfactors liegt.

12. Die Verhältnisse waren folgende:

$$a:c; \qquad a:b; \qquad b:c.$$

Da jedes auf zwiefache Art ausgedrückt werden kann, so wird es 6 trigonometrische Functionen geben, welche wir zunächst auf den Winkel C beziehen, und nach einander durchgehen wollen.

Die trigonometrischen Functionen.

1. Sinus und Cosecante aus dem Verhältniß a:c.

13. Wird in dem Verhältniß a:c das erste Glied a als Einheit, und c als Function des Winkels C angesehen, so heißt die Zahl, durch welche es ausgedrückt wird, der Sinus.

Der Sinus eines Winkels ist demnach die dem Winkel gegenüberliegende Kathete gemessen durch die Hypotenuse

$$\sin C = \frac{c}{a}.$$

Da die Kathete immer kleiner ist, als die Hypotenuse, so kann man sich auch so ausdrücken: der Sinus eines Winkels ist eine Zahl, welche anzeigt, was die dem Winkel gegenüberliegende Kathete für ein Theil der Hypotenuse ist.

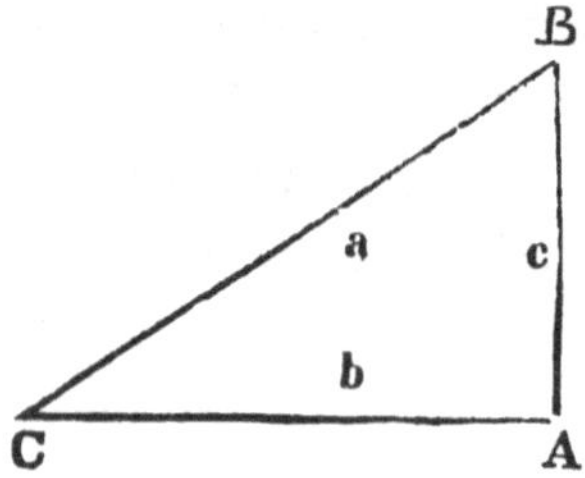

14. Nimmt man in eben diesem Verhältnisse a:c die Kathete c als Einheit an, so ist a die Cosecante von C.

Die Cosecante eines Winkels ist demnach die Hypotenuse, gemessen durch die dem Winkel gegenüberliegende Kathete.

$$\operatorname{Cosec} C = \frac{a}{c}.$$

15. Sinus und Cosecante eines Winkels sind daher die eine der umgekehrte Werth der andern

$$\sin C \times \operatorname{cosec} C = \frac{c}{a} \cdot \frac{a}{c} = 1; \qquad \operatorname{cosec} C = \frac{1}{\sin C};$$

$$\sin C = \frac{1}{\operatorname{cosec} C}.$$

Den Sinus und die Cosecante eines Winkels von 45°, 30°, 15° u. s. w. in einem analytischen Ausdrucke zu finden, und bis auf 7 Decimalstellen zu berechnen.

2. Cosinus und Secante aus dem Verhältniß a:b.

16. Wenn in dem Verhältniß a:b das erste Glied a = 1 gesetzt wird, so heißt b der Cosinus des Winkels C.

Der Cosinus eines Winkels ist daher die dem Winkel anliegende Kathete gemessen durch die Hypotenuse

$$\cos C = \frac{b}{a},$$

oder: der Cosinus eines Winkels ist eine Zahl, welche anzeigt, was die dem Winkel anliegende Kathete für ein Theil der Hypotenuse ist.

17. Nimmt man in demselben Verhältniß b als Einheit an, so ist a die Secante des Winkels C.

Die Secante eines Winkels ist mithin die Hypotenuse gemessen durch die dem Winkel anliegende Kathete

$$\sec C = \frac{a}{b}.$$

18. Cosinus und Secante sind gleichfalls umgekehrte Werthe von einander

$$\cos C \times \sec C = \frac{b}{a} \cdot \frac{a}{b} = 1; \qquad \sec C = \frac{1}{\cos C};$$

$$\cos C = \frac{1}{\sec C}.$$

(Aufg. §. 15. in Beziehung auf Cosinus und Secante.)

3. Tangente und Cotangente aus dem Verhältniß b:c.

19. Wenn in dem Verhältniß b:c, auf den Winkel C bezogen, b = 1 gesetzt wird, so ist c die Tangente von C.

Die Tangente eines Winkels ist folglich die dem Winkel gegenüberliegende Kathete gemessen durch die anliegende

$$\text{tang}\, C = \frac{c}{b}.$$

20. Nimmt man in eben dem Verhältniß c als Einheit an, so ist b die Cotangente von C.

Die Cotangente eines Winkels ist mithin die dem Winkel anliegende Kathete gemessen durch die gegenüberliegende

$$\text{cotang}\, C = \frac{b}{c}.$$

21. Tangente und Cotangente sind auch umgekehrte Werthe von einander

$$\text{tang}\, C \,.\, \text{cotang}\, C = \frac{c}{b} \cdot \frac{b}{c} = 1; \qquad \text{cotang}\, C = \frac{1}{\text{tang}\, C};$$

$$\text{tang}\, C = \frac{1}{\text{cotang}\, C}.$$

(Aufg. §. 15. in Bez. auf Tangente und Cotangente.)

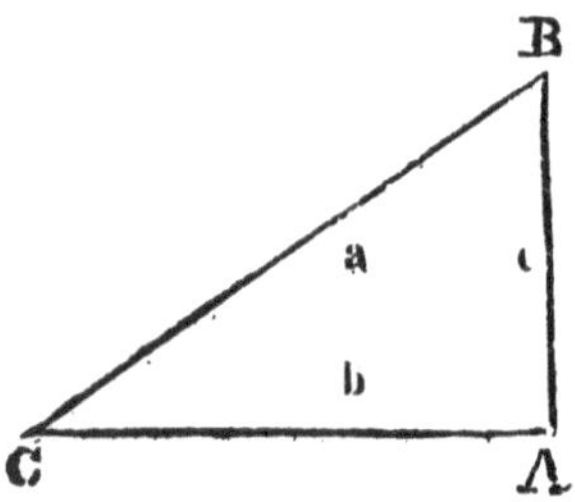

22. Wenn man nun Mittel hat, die Verhältnisse der Seiten eines rechtwinkligen Dreiecks zu finden, wenn C = 1° oder 2° u. s. w. kurz für alle Winkel von 0 bis 90°, so kann man daraus den Canon der trigonometrischen Functionen bilden, indem man bei jedem Winkel die dazu gehörigen Seitenverhältnisse einträgt, und dem Ganzen die Form einer Tafel giebt. Diese Mittel gewährt theils die Geometrie (Seiten regelmäßiger Vielecke), theils die Functionenlehre. Auch sind dabei die Gleichungen zwischen den trigonometrischen Functionen, welche bald aufgestellt werden sollen, unentbehrlich.

Aufg. Aus der Seite des regelmäßigen Achtecks den Sinus, und die übrigen trig. Funct. des Winkels von $22\frac{1}{2}$° zu finden, und bis auf 7 Decimalstellen zu berechnen.

23. Diejenigen Functionen, welche gleichen Namen tragen, wie Sinus und Cosinus, heißen coordinirte Functionen. Von diesen nennen wir die eine die directe, die andere, der erstern coordinirte, die indirecte Function. Die indirecte Function eines Winkels ist gleich der directen Function des Ergänzungswinkels zum rechten, und umgekehrt. Um dieses Verhältniß zu bezeichnen, hat man sie eben gleichnamig gemacht:

$$\cos C = \frac{b}{a} = \sin B,$$

$$\operatorname{cotang} C = \frac{b}{c} = \operatorname{tang} B,$$

$$\operatorname{cosec} C = \frac{a}{c} = \sec B.$$

Dasselbe Verhältniß, wie $\frac{b}{a}$, dient also zur Bezeichnung zweier Functionen, des $\sin B$ und $\cos C$ u. s. w. — Doppelter Eingang zu den Tafeln, die nur bis 45° gehen dürfen.

Wie können folgende Fuuctionen durch die ihnen coordinirten ausgedrückt werden? $\sin 50°$; $\operatorname{tang}(90° - x)$; $\sin(45° + x)$; $\operatorname{cotg}(60° - x)$ u. s. w. — Uebung im Gebrauch der trig. Tafeln. Die kleinern Tafeln, wie das Vegasche Handbuch, enthalten gewöhnlich nur die Logarithmen der trig. Functionen. Das Aufschlagen und Interpoliren hängt von der Einrichtung der Tafeln ab, und wird in der Einleitung zu denselben erläutert. Vega Handb. S. XX.

Ausdruck der Seiten des rechtwinkligen Dreiecks.

24. Die Gleichungen, welche die Definitionen der trig. Functionen darstellen (§. 13. bis 21.), lassen sich zwar leicht so umgestalten, daß jede der darin vorkommenden Größen durch die beiden übrigen dargestellt wird; — aus $\sin C = \frac{c}{a}$ folgt $c = a . \sin C$, $a = \frac{c}{\sin C}$; indeß erfordert es doch einige Uebung, um jede der Gleichungen, wie man sie eben gebraucht, aus der Figur ohne Anstoß herlesen zu können. Dieses muß aber von jedem, der Trigonometrie studirt, gefordert werden. Jene Formen müssen so geläufig sein, daß sie die Aufmerksamkeit gar nicht mehr besonders in Anspruch nehmen, und von den übrigen Momenten der Aufgabe ablenken. Sie sind die Declinationen der Trigonometrie. Um diesen Zweck zu fördern, wollen wir hier einige Lehrsätze aus der longistischen Geometrie einschalten.

25. Die Dimensionen des Raums erscheinen durch die Construction als Factoren. Aus zwei Dimensionen — Linien — entsteht auf

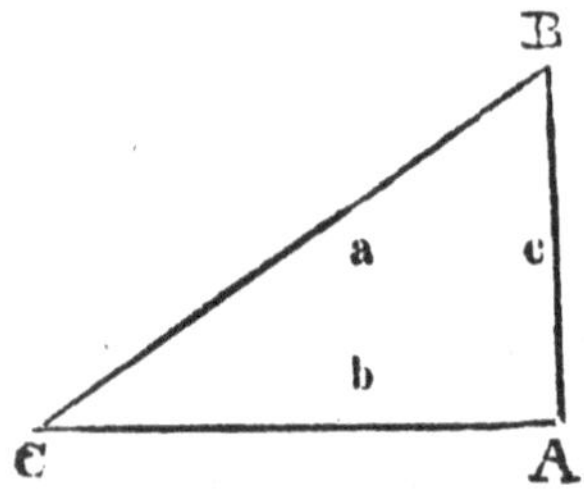

völlig analoge Weise eine Fläche, wie aus 2 Zahlfactoren ein Product *) Dieß berechtigt, das Product zweier Linien als eine Fläche, das dreier als einen geometrischen Körper zu betrachten. Wir sagen daher, der Ausdruck a b hat 2 Dimensionen, und ist eine Fläche, der Ausdruck a b c hat 3 Dimensionen, und ist ein Körper, wenn a, b und c Linien bezeichnen.

26. Hat der Ausdruck die Form eines Bruches, so müssen die Factoren des Nenners von denen des Zählers abgerechnet werden.

---

*) Nimmt man den Begriff des Products in seiner reinsten und allgemeinsten Bedeutung, so bezeichnet er in der Mathematik das Ergebniß einer Synthesis, bei welcher das durch eine frühere Synthesis erzeugte, an die Stelle des ursprünglichen Elements gesetzt, und wie dieses behandelt wird. Das Product muß aus dem, was durch die erste Synthesis erzeugt ist, gerade ebenso hervorgehen, wie dieses aus dem ursprünglich erzeugenden. — In der Arithmetik ist die Einheit das Element, die Synthesis das Zählen, das Erzeugniß die Zahl. Wird nun diese Zahl, als das Erzeugniß der ersten Synthesis, an die Stelle der Einheit gesetzt, und eben so behandelt, d. h. gezählt, so entsteht das arithmetische Product, welches als eine Zahl auf höherer Stufe, als eine Zahl, deren Einheit schon eine Zahl ist, betrachtet werden kann. — In der Geometrie ist der Punct das Element, die Synthesis die Fortbewegung des Punctes nach irgend einer Richtung, das Erzeugniß, der Weg des Punctes, die Linie. Wird nun diese Linie, als das Erzeugniß der ersten Synthesis, an die Stelle des Punctes gesetzt, und ebenso behandelt, d. h. nach einer andern Richtung fortbewegt, so entsteht die Fläche, als der Weg der Linie; sie ist daher das wahre geometrische Product zweier Linear-Factoren, und erscheint zunächst als ein Rechteck, sofern in jener zweiten Richtung nichts von der ersten enthalten ist. Wird die Fläche an die Stelle des Puncts gesetzt, so entsteht der geometrische Körper, als das Product dreier Factoren, womit es in der Geometrie, da der Raum nur 3 Dimensionen enthält, sein Bewenden hat, während die Arithmetik in Ansehung der Anzahl der Factoren nicht beschränkt ist. Vergl. meine Raumlehre 2ter Th. Berlin 1824.

So hat $\frac{bc}{a}$ Eine Dimension, oder ist eine Linie, nämlich die vierte Proportionale zu a, b, und c; $\frac{abc}{d} = \frac{ab}{d}.c$ hat 2 Dimensionen, und ist eine Fläche; $\frac{abc}{de}$ bezeichnet eine Linie. Ein Ausdruck wie $\frac{b}{a}$, hat gar keine Dimension, und ist ein Verhältniß, welches man, wenn a und b commensurabel sind, durch eine rationale Zahl vollständig, in jedem Falle aber annähernd ausdrücken kann. Eben so $\frac{bc}{ad}$ u. s. w.

27. Da nun Zahl, Linie, Fläche, Körper Dinge von ganz verschiedener Art sind, so kann weder eins dem andern gleich gesetzt, noch können sie addirt, oder subtrahirt werden. Hieraus folgt, daß alle Glieder einer Gleichung gleichviel Dimensionen haben müssen, wenn die Gleichung möglich sein soll. Ein Ausdruck wie $ab = c$ oder $a - \frac{b}{c}$, wenn a, b, c Linien bezeichnen, ist daher in sich selbst verwerflich, weil er etwas Ungereimtes aussagt oder fordert.

28. Die Multiplication oder Division eines solchen Linearausdruckes mit einer reinen Zahl, ändert in den Dimensionen desselben nichts ab.

29. In jeder der Gleichungen, die aus den Definitionen der trig. Funct. hergeleitet werden konnten, kommen überhaupt 3 Größen vor, von denen wir die eine die Function, die andere die Linie, die dritte das Maaß nennen wollen. So ist in $\sin C = \frac{c}{a}$ sin C die Function, c die Linie, welche den Sinus darstellt, und a das Maaß — die Einheit, durch welche c in der Function ausgedrückt wird. Die Gleichung hat gar keine Dimension, und dieß ist bei allen Functionen, da sie reine Zahlen sind, nothwendig der Fall. Bezeichnet φ die Function, l die Linie, m das Maaß, so ist

$$\varphi = \frac{l}{m}.$$

30. In dem Ausdrucke $c = a . \sin C$ ist die Linie, welche die Function räumlich darstellt, (c) gleich dem Producte aus dem Maaße in die Function, und das Maaß (a) kann als die Benennung für die reine Zahl sin C angesehen werden. So ist überhaupt

$$l = \varphi . m.$$

Die Gleichung hat auf beiden Seiten eine Dimension.

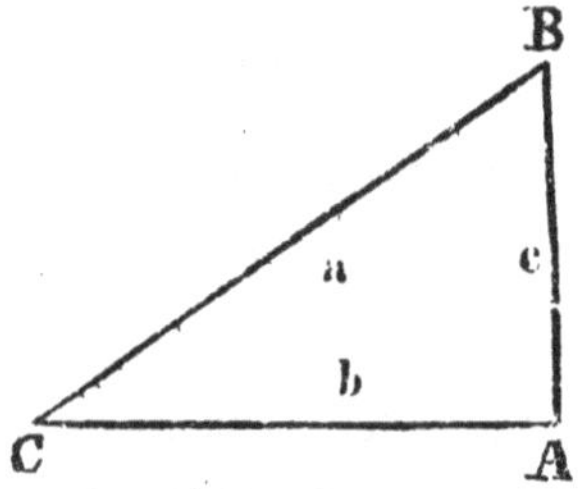

31. Endlich ist in $a = \frac{c}{\sin C}$ das Maaß gleich der Linie dividirt durch die Function, und der Ausdruck hat auf beiden Seiten Eine Dimension. — Ein unbekanntes Maaß findet man, wenn man eine bekannte Größe, welche in diesem Maaße ausgedrückt ist, durch die Zahl des Ausdrucks dividirt. (Beisp. Römische Palme aus vorhandenen Bauwerken, deren Größe Vitruv angiebt.) Allgemein ist:

$$m = \frac{1}{\varphi}.$$

Hiernach muß man sich nun üben, jede Seite und jeden Winkel des rechtwinkligen Dreiecks aus 2 Datis sogleich auszudrücken, ohne eben auf die Definitionen zurückzugehen, und aus diesen ableiten zu dürfen. Für das leichte Verständniß und das schnelle Fortrücken in der Trigonometrie ist durch diese Fertigkeit ein bedeutender Schritt geschehen. Da es indessen nicht so ganz leicht ist, sie bis zur vollkommenen Geläufigkeit zu erwerben, und man daher öfter auf diese Uebungen zurückkommen muß, so möge hier einiger Stoff zu denselben aufgenommen werden.

Wenn im rechtwinkligen Dreieck ABC die Stücke B, b, a in Frage gestellt sind, wie läßt sich jede Größe durch die übrigen ausdrücken? — Wie, wenn B, b, c in Frage gestellt sind? u. s. w. Dieselben Fragen bei anderer Lage und anderer Bezeichnung der Figur. —

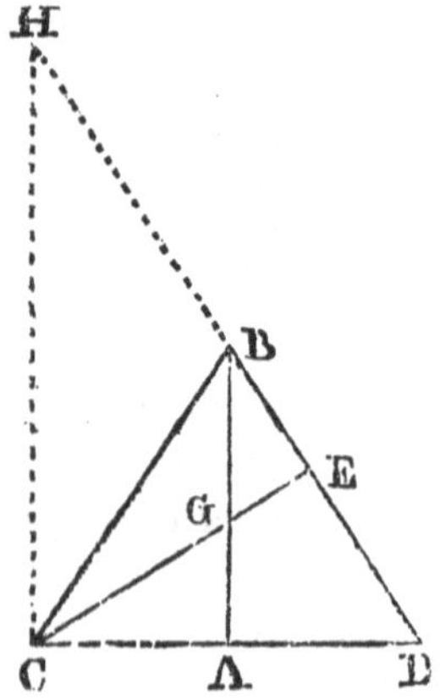

Im gleichschenkligen Dreieck BCD sei BA auf der Basis CD senkrecht. Es sollen aus je zwei gegebenen Stücken die übrigen ausgedrückt werden. — Man setze CD = b, mithin AC = $\frac{1}{2}$b, BC = BD = a, AB = p, so sind folgendes die in Betracht kommenden Conternationen, in denen jedes Stück durch die beiden übrigen ausgedrückt werden kann: abp (Pyth. Lehrs.), abB, abC, bpB, bpC, apB, apC. — Man ziehe noch CE auf BD senkrecht, wodurch die dem ABC ähnlichen Dreiecke ECD und ACG entstehen, und drücke die Größen AC, BE, CE, DE; BG, CG, AG, EG durch Funct. von B und a aus. Wo eine und dieselbe Größe z. B. CE oder DE auf 2 verschiedene Arten ausgedrückt erscheint, da merke man diese Ausdrücke an. — Nimmt man BH = BD, und zieht CH, so erhält man 2 neue, dem ABC ähnliche Dreiecke. Drückt man noch alle jene Größen durch Funct. von B und b, und durch Funct. von B und p aus, so erhält man schon im Voraus die Formeln 17—24 (§. 44., 45.) hier geometrisch entwickelt.

In einem beliebigen ungleichseitigen Dreiecke fälle man aus den Winkelspitzen Perpendikel auf die gegenüberliegenden Seiten, und drücke nun sowohl die Abschnitte der Seiten, als auch die Perpendikel und ihre Abschnitte trigonometrisch aus, indem man die Seiten und Winkel des Hauptdreiecks als gegeben betrachtet. — Aehnliche Uebungen werden sich leicht mehr auffinden lassen. — Hieran schließe man bestimmte Zahlaufgaben über das rechtwinklige und gleichschenklige Dreieck, über regelmäßige und halbregelmäßige *) Vielecke u. s. w. an, und lasse leichte practische Aufgaben folgen.

32. Aufg. Aus der äußersten Entfernung, in welcher man vom Meere aus einen Berg sehen kann, die Höhe des Berges zu finden.

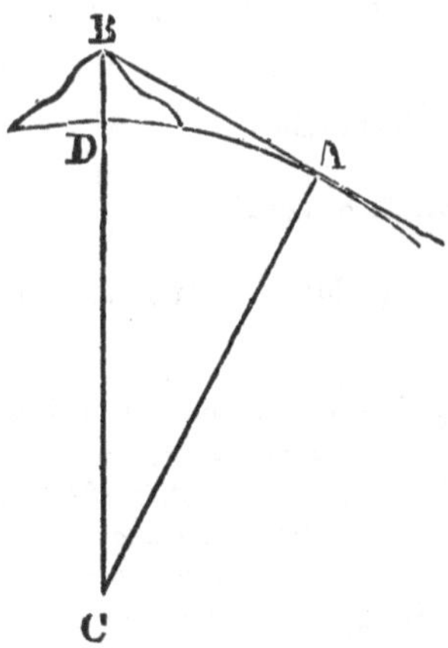

Aufl. Es sei DA ein Stück eines aus C, dem Mittelpuncte der als kugelförmig gedachten Erde, beschriebenen Kreises, B die Spitze des Berges, BA eine Tangente, so ist A der äußerste Punct, von welchem man den Berg sehen kann, und DA die Entfernung. Zieht man nun CA, CB, so kennt man im rechtwinkligen Dreiecke CAB, CA, den Erdhalbmesser, und den Winkel C, welcher vom Bogen DA gemessen wird, und kann CB finden. Es ist nämlich:

$$CB = \frac{AC}{\cos C} \text{ und } BD = BC - AC.$$

*) Flügel im Programm des Domgymnasii zu Halberstadt vom Jahre 1831.

Beispiel. Der Pic Mowna Roa auf den Sandwichs-Inseln soll (nach Marchand) aus einer Entfernung von 2° 33′ gesehen sein, wie hoch ist er, wenn der Erdhalbmesser zu 19 630 146 Pariser Fuß angenommen wird?

$$\log AC = 7{,}2929235; \qquad AC = 19'630\,146$$
$$\log\cos C = 9{,}9999567^{*)};$$
$$\log BC = 7{,}2933538; \qquad BC = 19'649\,600$$
$$BC - AC = BD = 19\,454$$

wobei zu bemerken, daß die beiden letzten Stellen ungültig sind, da sie in dem log AC nicht vollständig haben berücksichtigt werden können.

33. Wenn man die trig. Functionen in folgender Ordnung aufführt

$$\sin x, \quad \cos x, \quad \tang x : \quad \cotang x, \quad \sec x, \quad \cosec x,$$

so sind die symmetrischen Glieder reciproke Werthe von einander. Die 3 ersten Functionen enthalten daher schon einen hinlänglichen Apparat zur Winkelbestimmung, und man könnte der 3 letzten ganz entbehren.

34. Zu den trigonometrischen Functionen pflegt man auch noch den Sinusversus und Cosinusversus zu rechnen. Der erstere ist der Ueberschuß der Hypotenuse über die anliegende Kathete durch die Hypotenuse gemessen

$$\sin\text{vers}\, C = \frac{a - b}{a} = 1 - \cos C.$$

Der Cosinusversus ist der Ueberschuß der Hypotenuse über

*) Hinter den Logarithmen der trig. Funct., so wie sie in dem Vegaschen Handbuche stehen, ist durchgängig die Kennziffer — 10 am Ende zu ergänzen, wenn sie die reine trig. Funct. für das gebrauchte Maaß als Einheit darstellen sollen, wie hier durchgängig angenommen wird. Da es auch sonst gebräuchlich ist, die Logarithmen ächter Brüche so zu schreiben, daß ihnen die Kennziffer — 10 angehängt wird, so tritt hier alles in sehr gute Uebereinstimmung, und das Verfahren ergiebt sich für den, der überhaupt Logarithmen zu brauchen weiß, in jedem Falle von selbst.

die dem Winkel gegenüberstehende Kathete, durch die erstere gemessen

$$\text{cosvers}\, C = \frac{a - c}{a} = 1 - \sin C.$$

Gleichungen zwischen den Functionen Eines und desselben Winkels.

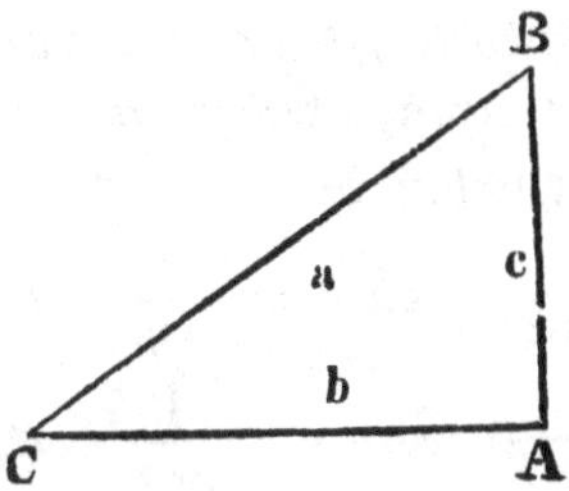

35. Im rechtwinkligen Dreieck ABC, dessen Winkel C wir mit x bezeichnen wollen, hat man nach dem Pythagoräischen Lehrsatze:

1) $c^2 + b^2 = a^2$;

2) $a^2 - c^2 = b^2$;

3) $a^2 - b^2 = c^2$.

Drückt man diese drei Gleichungen trigonometrisch aus, so daß die Dreiecksseite, welche auf der rechten Seite des Gleichheitszeichens allein steht, als Maaß gebraucht wird, wodurch die übrigen ausgedrückt werden, und dividirt dann die ganze Gleichung, so erhält man:

aus 1) $a^2 \sin x^2 + a^2 \cos x^2 = a^2$

oder $\sin x^2 + \cos x^2 = 1$ *) (1)

„ 2) $b^2 \sec x^2 - b^2 \text{tang}\, x^2 = b^2$

oder $\sec x^2 - \text{tang}\, x^2 = 1$ (2)

„ 3) $c^2 \text{cosec}\, x^2 - c^2 \text{cotg}\, x^2 = c^2$

und $\text{cosec}\, x^2 - \text{cotg}\, x^2 = 1$ (3).

---

*) Ich ziehe es vor $\sin x^2$ u. s. w. statt $(\sin x^2)$ oder $\sin^2 x$ zu schreiben. Der Anfänger muß sich gewöhnen funct. x als eine einfache nicht zusammengesetzte Größe zu betrachten. Auch hat das Quadrat eines Winkels, oder die trig. Function vom Quadrate eines Bogens keinen rechten Sinn, und kommt in der Elementarmathematik überall nicht vor. Es kann also keine Verwechselung daraus entspringen.

Jede dieser Gleichungen kann man unter andere Formen stellen, und da sie von sehr mannichfaltigem Gebrauch sind, so ist es bequem sie auch unter diesen Formen vor sich zu haben. Man erhält:

aus (1) $\sin x = \sqrt{(1 - \cos x^2)}$; $\cos x = \sqrt{(1 - \sin x^2)}$

" (2) $\sec x = \sqrt{(1 + \tang x^2)}$; $\tang x = \sqrt{(\sec x^2 - 1)}$

" (3) $\cosec x = \sqrt{(1 + \cotg x^2)}$; $\cotg x = \sqrt{(\cosec x^2 - 1)}$

36. Die schon oben (§. 15., 18., 21.) aufgestellten Gleichungen zwischen denjenigen Functionen, welche reciproke Werthe von einander sind, reihen wir hier ein:

$$\tang x . \cotg x = 1; \quad \tang x = \frac{1}{\cotg x}; \quad \cotg x = \frac{1}{\tang x} \quad (4)$$

$$\sin x . \cosec x = 1; \quad \sin x = \frac{1}{\cosec x}; \quad \cosec x = \frac{1}{\sin x} \quad (5)$$

$$\cos x . \sec x = 1; \quad \cos x = \frac{1}{\sec x}; \quad \sec x = \frac{1}{\cos x} \quad (6)$$

Mittelst der beiden letzten Gleichungen kann man die Tafel für die Logarithmen der Sinus und Cosinus zugleich für die Cosecanten und Secanten gebrauchen. Es ist nämlich

$$\log \cosec x = \log 1 - \log \sin x = 0 - \log \sin x$$
$$= 10 - 10 - \log \sin x$$

und da $\log \sin x$ die Kennziffer -10 mit sich führt, so hat man bloß den in der Tafel stehenden Logarithmus von 10 abzuziehen, d. h. jeder Ziffer Ergänzung zu 9 hinzuschreiben. — Wäre umgekehrt der Logarithmus der Cosecante gegeben, so schlägt man den Sinus ihrer dekadischen Ergänzung auf. — Eben so verhält es sich mit cos und sec. — Z. B.

Geg. $x = 37° 12'$. Gesucht: $\log \sec x = 0{,}0987979$

$\log \cosec x = 0{,}2185325$

Geg. $\log \sec x = 0{,}1233215$

$9{,}8766785 = \log \cos x$. Ges. $x = 41° 10'$

37. Da im rechtwinkligen Dreiecke ABC

$$\tang x = \frac{c}{b} = \frac{a.\sin x}{a.\cos x},$$

so folgt:

$$\tang x = \frac{\sin x}{\cos x}; \quad \sin x = \cos x . \tang x; \quad \cos x = \frac{\sin x}{\tang x} \quad (7).$$

Eben so, weil $\cotg x = \frac{b}{c} = \frac{a.\cos x}{a.\sin x}$,

$$\cotg x = \frac{\cos x}{\sin x}; \quad \cos x = \sin x . \cotg x; \quad \sin x = \frac{\cos x}{\cotg x} \quad (8).$$

38. Noch ist unmittelbar aus den Definitionen (§. 34.)

$$\sin \operatorname{vers} x = 1 - \cos x \quad (9)$$

$$\cos \operatorname{vers} x = 1 - \sin x \quad (10).$$

Aufg. Vermittelst der obigen Gleichungen 1 bis 8 jede trigonometrische Function durch jede Function desselben Winkels auszudrücken. Beschränkt man sich hierbei auf die 6 Hauptfunctionen, so wird jede durch die 5 übrigen ausgedrückt, und man erhält 30 Gleichungen, welche aufzustellen, und so zu ordnen sind, daß dabei die Reihenfolge §. 33. beibehalten wird.

Gleichungen zwischen den Functionen der Winkel dreier gerader Linien an Einem Punct.

39. Um die Functionen mehrerer Winkel mit einander in Verbindung treten zu lassen, kann man diese Winkel zuerst dadurch bilden, daß sich 3 gr. L. z. B. in Einem Puncte durchschneiden. Mit den dadurch entstehenden Winkeln ist dann zugleich ihre Summe und ihr Unterschied gegeben.

40. Die Gleichungen zwischen den Functionen der einzelnen Winkel einerseits, und den Functionen der Summe und des Unterschiedes andererseits sind für die Trigonometrie unentbehrlich. Selbst die Entstehung der Tafeln kann ohne sie nicht gehörig verstanden werden. — Die Menge der auf

solche Weise entstandenen Formeln ist unbegrenzt; man muß daher eine Auswahl finden, wobei die Winkel theils gleich, theils ungleich gesetzt, ihnen auch bestimmte Werthe beigelegt werden können. Hierbei setzen wir vorläufig noch immer voraus, daß nicht nur die einzelnen Winkel, sondern auch ihre Summe kleiner als 90° sei.

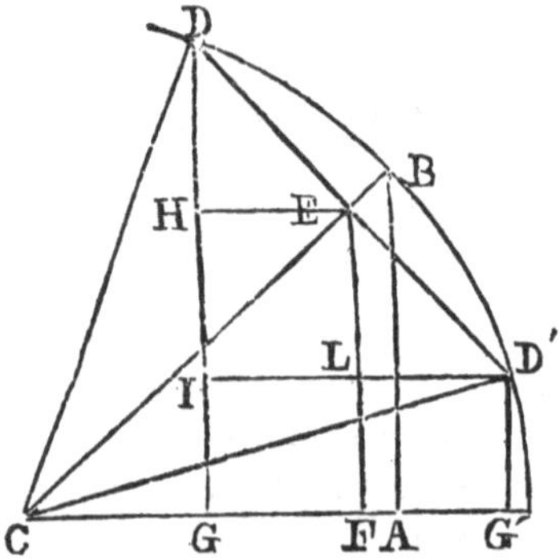

41. Um zuerst aus Sinus und Cosinus zweier an demselben Puncte liegender Winkel den Sinus und Cosinus ihrer Summe und ihres Unterschiedes herzuleiten, sei $ACB = x$, $BCD = y = BCD'$. Schlägt man mit einem beliebigen als Einheit angenommenen Halbmesser CB einen Kreisbogen, zieht die Sehne DD' und BA senkrecht auf CA, so ist als gegeben zu betrachten: $BA = CB . \sin x$, oder, da der Halbmesser, als die Benennung oder das Maaß der Function, hier 1 gesetzt ist, mit Weglassung desselben:

$$AB = \sin x; \quad AC = \cos x; \quad DE = D'E = \sin y; \quad CE = \cos y.$$

Man sucht dagegen aus diesen Stücken:

$$DG = \sin(x+y); \quad CG = \cos(x+y); \quad D'G' = \sin(x-y); \quad CG' = \cos(x-y).$$

42. Man ziehe nun EH und D'I parallel AC und EF parallel AB. Da der Winkel $EDH = HEC = ACB = x$, so ist $\triangle BAC \sim EFC \sim EHD$, $\sim D'ID$, und da $D'E = DE$, so ist $DH = HI$; $HE = IL = LD'$, d. h. $FG = FG'$, und man erhält:

$$\sin(x+y) = DG = GH + DH = EF + DH$$
$$= \sin x . CE + \cos x\, DE, \text{ d. h.}$$
$$\sin(x+y) = \sin x . \cos y + \cos x . \sin y \quad (11).$$

Ferner ist $\sin(x-y) = D'G' = EF - HI = EF - DH$, d. h.

$$\sin(x-y) = \sin x . \cos y - \cos x . \sin y \quad (12)$$
$$\cos(x+y) = CG = CF - FG = CF - EH$$
$$= \cos x . CE - \sin x . DE, \text{ d. h.}$$
$$\cos(x+y) = \cos x . \cos y - \sin x . \sin y \quad (13)$$
$$\cos(x-y) = CG' = CF + FG' = CF + EH$$
$$\cos(x-y) = \cos x . \cos y + \sin x . \sin y \quad (14).$$

Diese Formeln müssen, wenn durch die Uebung an §. 31. die gehörige Fertigkeit hervorgebracht ist, von den Schülern unmittelbar aus der Figur abgelesen werden können, wenn sie sich zuvor in derselben gehörig orientirt haben. Die Formeln (11) und (12) und eben so (13) und (14) lassen sich, wie bei der Tangente geschehen ist, in eine zusammenziehen.

43. Hierzu folgt nun für die Tangente nach F. (7)

$$\text{tang}(x \pm y) = \frac{\sin(x \pm y)}{\cos(x \pm y)} = \frac{\sin x . \cos y \pm \cos x . \sin y}{\cos x . \cos y \mp \sin x . \sin y}.$$

Dividirt man diesen Bruch im Zähler und Nenner mit $\cos x . \cos y$, so erhält man:

$$\text{tang}(x \pm y) = \frac{\frac{\sin x}{\cos x} \pm \frac{\sin y}{\cos y}}{1 \mp \frac{\sin x}{\cos x} . \frac{\sin y}{\cos y}}$$

das heißt:

$$\text{tang}(x \pm y) = \frac{\text{tang}\, x \pm \text{tang}\, y}{1 \mp \text{tang}\, x . \text{tang}\, y} \quad (15)$$

und da die Cotangente der reciproke Werth der Tangente ist, so hat man zugleich:

$$\text{cotg}(x \pm y) = \frac{1 \mp \text{tang}\, x . \text{tang}\, y}{\text{tang}\, x \pm \text{tang}\, y} \quad (16).$$

Hiernach sind Uebungen im Gebrauche der Formeln 11 — 16 anzustellen, indem man den Winkeln andere Buchstaben, oder bestimmte

Werthe beilegt, als $\sin(30^\circ + x)$; $\sin 3x = \sin(2x + x)$; $\sin 3^\circ = \sin(18^\circ - 15^\circ)$; $\cot 75^\circ = \cos(45^\circ + 30^\circ)$; $\cos 12^\circ = \cos(30^\circ - 18^\circ)$: $\tan(45^\circ + x)$; $\tan(45^\circ - x)$ etc.

44. Setzt man in den obigen Ausdrücken für die Function der Summe zweier Winkel $y = x$, so erhält man:

(17) $\sin 2x = 2 \sin x . \cos x$

(18) $\cos 2x = \cos x^2 - \sin x^2 = 1 - 2 \sin x^2 = 2 \cos x^2 - 1$

(aus F. 13 und 1)

(19) $\mathrm{tang}\, 2x = \dfrac{2 \,\mathrm{tang}\, x}{1 - \mathrm{tang}\, x^2}$

(20) $\mathrm{cotg}\, 2x = \dfrac{1 - \mathrm{tang}\, x^2}{2 \,\mathrm{tang}\, x}$.

Hiernach versuche man die Functionen des mehrfachen Winkels durch die des einfachen auszudrücken, wobei abwechselnd die Formeln §. 42., 44. und 35. zur Anwendung kommen. Zur Vergleichung mögen hier einige Ausdrücke für die Sinus mehrfacher Bogen stehen:

$$\sin 3x = 3 \sin x - 4 \sin x^3$$
$$\sin 4x = (4 \sin x - 8 \sin x^3) \cos x$$
$$\sin 5x = 5 \sin x - 20 \sin x^3 + 16 \sin x^5 \text{ etc.}$$

Reichen Vorrath zu solchen Uebungen findet man in den „Formeln der Geometrie und Trigonometrie" Berlin 1827.

45. Schreibt man in F. 18 x für 2x und $\frac{1}{2}x$ für x, so wird

(21) $2 \sin \frac{1}{2}x^2 = 1 - \cos x$ und $\sin \frac{1}{2}x = \sqrt{\left(\dfrac{1 - \cos x}{2}\right)}$

(22) $2 \cos \frac{1}{2}x^2 = 1 + \cos x$ und $\cos \frac{1}{2}x = \sqrt{\left(\dfrac{1 + \cos x}{2}\right)}$.

Hieraus folgt dann

(23) $\mathrm{tang}\, \frac{1}{2}x = \sqrt{\left(\dfrac{1 - \cos x}{1 + \cos x}\right)} = \dfrac{\sin x}{1 + \cos x} = \dfrac{1 - \cos x}{\sin x}$

(24) $\mathrm{cotg}\, \frac{1}{2}x = \sqrt{\left(\dfrac{1 + \cos x}{1 - \cos x}\right)} = \dfrac{1 + \cos x}{\sin x} = \dfrac{\sin x}{1 - \cos x}$.

Die beiden letzten Ausdrücke für $\mathrm{tang}\, \frac{1}{2}x$ erfolgen, wenn man den unterm Wurzelzeichen stehenden Bruch zuerst mit $1+\cos x$, und dann mit $1-\cos x$ erweitert.

46. Noch bemerken wir folgende Formeln:

$$\sin \tfrac{1}{2} x = \tfrac{1}{2} \sqrt{(1+\sin x)} - \tfrac{1}{2} \sqrt{(1-\sin x)} \quad (25)$$

$$\cos \tfrac{1}{2} x = \tfrac{1}{2} \sqrt{(1+\sin x)} + \tfrac{1}{2} \sqrt{(1-\sin x)} \quad (26)$$

Sie folgen aus F. 21 und 22. Multiplicirt man die erste auf beiden Seiten mit 2 und quadrirt dann, so erhält man:

$$4 \sin \tfrac{1}{2} x^2 = 1+\sin x - 2\sqrt{(1-\sin x^2)} + 1 - \sin x = 2 - 2\cos x,$$

daher

$$2 \sin \tfrac{1}{2} x^2 = 1 - \cos x.$$

Der synthetische Beweis läßt sich hieraus leicht ableiten. Die 2te Formel läßt sich auf völlig analoge Weise beweisen.

47. Wenn man die Gleichungen 11 bis 14 addirt und subtrahirt, so erhält man folgende neue Gleichungen:

$$\sin(x+y) + \sin(x-y) = 2 \sin x . \cos y \quad (27)$$

$$\cos(x+y) + \cos(x-y) = 2 \cos x . \cos y \quad (28)$$

$$\sin(x+y) - \sin(x-y) = 2 \cos x . \sin y \quad (29)$$

$$\cos(x-y) - \cos(x+y) = 2 \sin x . \sin y \quad (30).$$

48. Setzt man in diesen Formeln $x+y=a$, $x-y=b$, mithin:

$$x = \tfrac{1}{2}(a+b) \qquad y = \tfrac{1}{2}(a-b),$$

so verwandeln sie sich in folgende:

$$\sin a + \sin b = 2 \sin \tfrac{1}{2}(a+b) \cos \tfrac{1}{2}(a-b) \quad (31)$$

$$\cos a + \cos b = 2 \cos \tfrac{1}{2}(a+b) \cos \tfrac{1}{2}(a-b) \quad (32)$$

$$\sin a - \sin b = 2 \cos \tfrac{1}{2}(a+b) \sin \tfrac{1}{2}(a-b) \quad (33)$$

$$\cos b - \cos a = 2 \sin \tfrac{1}{2}(a+b) \sin \tfrac{1}{2}(a-b) \quad (34).$$

49. Aus den 6 Combinationen, welche diese 4 Formeln gestatten, erhält man durch Division je zweier Gleichungen:

$$\frac{\sin a + \sin b}{\cos a + \cos b} = \operatorname{tang} \tfrac{1}{2}(a+b) \quad (35)$$

$$\frac{\sin a - \sin b}{\cos a + \cos b} = \operatorname{tang} \tfrac{1}{2}(a-b) \quad (36)$$

$$(37)\quad \frac{\sin a + \sin b}{\cos b - \cos a} = \operatorname{cotg} \tfrac{1}{2}(a - b)$$

$$(38)\quad \frac{\sin a - \sin b}{\cos b - \cos a} = \operatorname{cotg} \tfrac{1}{2}(a + b)$$

$$(39)\quad \frac{\sin a + \sin b}{\sin a - \sin b} = \operatorname{tang} \tfrac{1}{2}(a + b) \operatorname{cotg} \tfrac{1}{2}(a - b)$$

$$(40)\quad \frac{\cos a + \cos b}{\cos b - \cos a} = \operatorname{cotg} \tfrac{1}{2}(a + b) \operatorname{cotg} \tfrac{1}{2}(a - b).$$

Diesen könnte man sogleich noch 6 Formeln beifügen, wenn man die Brüche der linken Seite umkehrte, und rechts die reciproken Werthe setzte. Dasselbe gilt von den Gleichungen der beiden folgenden.

50. Aus den Formeln 11 und 12 erhält man durch Division unmittelbar

$$(41)\quad \frac{\sin(x + y)}{\cos x \,.\, \cos y} = \operatorname{tang} x + \operatorname{tang} y$$

$$(42)\quad \frac{\sin(x + y)}{\sin x \,.\, \sin y} = \operatorname{cotg} x + \operatorname{cotg} y$$

$$(43)\quad \frac{\sin(x - y)}{\cos x \,.\, \cos y} = \operatorname{tang} x - \operatorname{tang} y$$

$$(44)\quad \frac{\sin(x - y)}{\sin x \,.\, \sin y} = \operatorname{cotg} y - \operatorname{cotg} x.$$

51. Drückt man $\sin(x \pm y)$ nach 17 durch

$$2 \sin \tfrac{1}{2}(x \pm y) \cos \tfrac{1}{2}(x \pm y)$$

aus, und dividirt die Gleichung mit 31 und 33, so erhält man

$$(45)\quad \frac{\sin(x + y)}{\sin x + \sin y} = \frac{\cos \frac{1}{2}(x + y)}{\cos \frac{1}{2}(x - y)}$$

$$(46)\quad \frac{\sin(x + y)}{\sin x - \sin y} = \frac{\sin \frac{1}{2}(x + y)}{\sin \frac{1}{2}(x - y)}$$

$$(47)\quad \frac{\sin(x - y)}{\sin x + \sin y} = \frac{\sin \frac{1}{2}(x - y)}{\sin \frac{1}{2}(x + y)}$$

$$(48)\quad \frac{\sin(x - y)}{\sin x - \sin y} = \frac{\cos \frac{1}{2}(x - y)}{\cos \frac{1}{2}(x + y)}$$

Multiplicirt man (31) mit (33) — eben so (32) mit (34) und reducirt dann nach (17), so erhält man, wenn man x und y für a und b setzt, noch folgende bemerkenswerthe Formeln:

$$\sin x^2 - \sin y^2 = \sin(x+y)\sin(x-y) \quad (48, a)$$

$$\cos y^2 - \cos x^2 = \sin(x+y)\sin(x-y) \quad (48, b)$$

Gleichungen mit bestimmten Winkeln.

52. Da die Winkel $45°+x$ und $45°-x$ zusammen einen Rechten betragen, so ist die Function des Einen gleich der coordinirten Function des Andern. Wenn man nun den Winkel $45°-x$ als die Hälfte des Winkels $90°-2x$ betrachtet, und aus F. 21 und 22 dafür substituirt, so erhält man:

$$\sin(45°+x) = \cos(45°-x) = \sqrt{\left(\frac{1+\sin 2x}{2}\right)} \quad (49)$$

$$\sin(45°-x) = \cos(45°+x) = \sqrt{\left(\frac{1-\sin 2x}{2}\right)} \quad (50)$$

$$\operatorname{tang}(45°+x) = \operatorname{cotg}(45°-x) = \sqrt{\left(\frac{1+\sin 2x}{1-\sin 2x}\right)}$$

$$= \frac{1+\operatorname{tang} x}{1-\operatorname{tang} x} \quad (51)$$

$$\operatorname{tang}(45°-x) = \operatorname{cotg}(45°+x) = \sqrt{\left(\frac{1-\sin 2x}{1+\sin 2x}\right)}$$

$$= \frac{1-\operatorname{tang} x}{1+\operatorname{tang} x} \quad (52).$$

Die letzten Ausdrücke in 51 und 52 folgen unmittelbar aus 15, wenn man für $x = 45°$ setzt, wodurch das Dreieck gleichschenklig und $\operatorname{tang} 45° = 1$ wird.

53. Ist im Dreieck ACB der Winkel $C = 30°$, so ist das Dreieck die Hälfte eines gleichseitigen, und man erhält $\sin 30° = \frac{1}{2}$. Hiermit folgt aus F. 27 und 30

$$\sin(30^\circ + x) + \sin(30^\circ - x) = \cos x$$
$$\cos(30^\circ - x) - \cos(30^\circ + x) = \sin x$$

oder

$$(53) \quad \sin(30^\circ + x) = \cos x - \sin(30^\circ - x)$$
$$(54) \quad \cos(30^\circ + x) = \cos(30^\circ - x) - \sin x.$$

Man sieht hieraus, wie man die Sinus und Cosinus der Winkel über 30° durch eine bloße Subtraction finden kann, wenn man sie bis zu 30° hinauf erst hat.

54. Aus F. 14 hat man

$\cos(45^\circ - x) = \cos 45^\circ . \cos x + \sin 45^\circ . \sin x$ und

$\sin(45^\circ - x) = \sin 45^\circ . \cos x - \cos 45^\circ . \sin x.$

Da nun $\sin 45^\circ = \cos 45^\circ = \sqrt{\tfrac{1}{2}}$, so folgt

$$(55) \quad \sin x + \cos x = \cos(45^\circ - x)\sqrt{2} = \cos(x - 45)\sqrt{2}$$
$$(56) \quad \sin x - \cos x = \sin(x - 45^\circ)\sqrt{2}$$
$$(57) \quad \cos x - \sin x = \sin(45 - x)\sqrt{2}.$$

55. Aus F. 41 u. f. erhält man ferner, wenn man $y = 45^\circ$ setzt:

$$(58) \quad 1 + \operatorname{tang} x = \frac{\sin(x + 45^\circ)\sqrt{2}}{\cos x} = \frac{\cos(x - 45)\sqrt{2}}{\cos x}$$
$$(59) \quad 1 + \operatorname{cotg} x = \frac{\sin(x + 45^\circ)\sqrt{2}}{\sin x} = \frac{\cos(x - 45^\circ)\sqrt{2}}{\sin x}$$
$$(60) \quad 1 - \operatorname{tang} x = \frac{\sin(45 - x)\sqrt{2}}{\cos x}$$
$$(61) \quad \operatorname{cotg} x - 1 = \frac{\sin(45 - x)\sqrt{2}}{\sin x}.$$

Aus diesen vier Ausdrücken hat man beiläufig durch Division:

$$(62) \quad \operatorname{tang} x = \frac{1 + \operatorname{tang} x}{1 + \operatorname{cotg} x} = \frac{1 - \operatorname{tang} x}{\operatorname{cotg} x - 1}.$$

56. Setzt man in den Formeln 31 und 33 $a = 30^\circ$ in 32 und 34 $a = 60^\circ$, und $b = x$, so erhält man, weil $\sin 30^\circ = \cos 60^\circ = \tfrac{1}{2}$, nachdem man die Gleichung mit 2 multiplicirt hat,

$$1+2\sin x = 4\sin\tfrac{1}{2}(30+x)\cos\tfrac{1}{2}(30-x) \quad (63)$$

$$1-2\sin x = 4\cos\tfrac{1}{2}(30+x)\sin\tfrac{1}{2}(30-x) \quad (64)$$

$$1+2\cos x = 4\cos\tfrac{1}{2}(60+x)\cos\tfrac{1}{2}(60^\circ-x) = \frac{\sin\frac{3}{2}x}{\sin\frac{1}{2}x} \quad (65)$$

$$2\cos x-1 = 4\sin\tfrac{1}{2}(60^\circ+x)\sin\tfrac{1}{2}(60^\circ-x) = \frac{\cos\frac{3}{2}x}{\cos\frac{1}{2}x} \quad (66).$$

Die beiden letzten Ausdrücke in F. 65 und 66 erfolgen so: Es ist $2\cos x \pm 1 = \frac{2\sin x\cos x \pm \sin x}{\sin x} = \frac{\sin 2x \pm \sin x}{\sin x}$.

Aus diesen beiden Formen erhält man, wenn man in 31 und 33 für $a=2x$, für $b=x$ substituirt, und $\sin x = 2\sin\frac{1}{2}x\cos\frac{1}{2}x$ setzt:

$$1+2\cos x = \frac{2\sin\frac{1}{2}(2x+x)\cos\frac{1}{2}(2x-x)}{2\sin\frac{1}{2}x.\cos\frac{1}{2}x} = \frac{\sin\frac{3}{2}x}{\sin\frac{1}{2}x}$$

$$2\cos x-1 = \frac{2\cos\frac{1}{2}(2x+x)\sin\frac{1}{2}(2x-x)}{2\sin\frac{1}{2}x.\cos\frac{1}{2}x} = \frac{\cos\frac{3}{2}x}{\cos\frac{1}{2}x}.$$

57. Es mögen hier noch einige Zahlausdrücke für bestimmte Winkel folgen. Aus der Seite des regelmäßigen Sechsecks ergeben sich folgende Werthe, von denen zum Theil schon Gebrauch gemacht ist

$$\sin 30^\circ = \cos 60^\circ = \tfrac{1}{2} \quad (67)$$

$$\sin 45^\circ = \cos 45^\circ = \sqrt{\tfrac{1}{2}} = \tfrac{1}{2}\sqrt{2} \quad (68)$$

$$\sin 60^\circ = \cos 30^\circ = \tfrac{1}{2}\sqrt{3} \quad (69).$$

58. Die Seite des regelmäßigen Zehnecks wird erhalten, wenn man den Halbmesser im mittlern und äußern Verhältnisse theilt. Wendet man darauf die Rechnung an, so findet sich nach und nach:

$$\sin 18^\circ = \cos 72^\circ = \tfrac{1}{4}(-1+\sqrt{5}) \quad (70)$$

$$\sin 36^\circ = \cos 54^\circ = \tfrac{1}{4}\sqrt{(10-2\sqrt{5})} \quad (71)$$

$$\sin 54^\circ = \cos 36^\circ = \tfrac{1}{4}(1+\sqrt{5}) \quad (72)$$

$$\sin 72^\circ = \cos 18^\circ = \tfrac{1}{4}\sqrt{(10+2\sqrt{5})} \quad (73).$$

Durch Halbirung der Winkel (F. 21 und 24), so wie durch Addition und Subtraction (F. 11—14) kann man ebenfalls analytische Ausdrücke für die Functionen bestimmter Winkel herleiten.

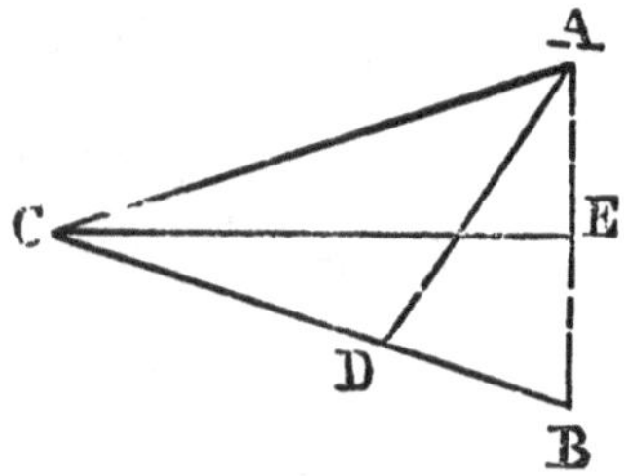

Um den Sinus von 18° analytisch zu finden, sei AB die Seite eines regelmäßigen Zehnecks, C der Mittelpunct des umschriebenen Kreises, CA, CB verbunden, und CE senkrecht auf AB, so ist $\frac{AE}{AC} = \sin ACE = \sin 18^\circ$, weil $ACB = 36^\circ$ durch CE halbirt ist. Im gleichschenkligen Dreieck ACB ist nun der Winkel an der Basis $= \frac{1}{2}(180-36) = 72$. Halbirt man ihn durch AD, so sind BAD und ADC gleichschenklig, und ersteres dem Dreieck ACB ähnlich, mithin $BD:AB = AB:BC$, oder da $AB = AD = DC$,

$$BD:DC = DC:BC.$$

Setzt man nun $BC = AC$, als Maaß, $= 1$ und $DC = x$, so ist

$$1-x:x = x:1,$$

woraus

$$x^2 + x = 1, \text{ und } x = \tfrac{1}{2}(-1+\sqrt{5}) \text{ gefunden wird.}$$

Hieraus ergiebt sich, da $AE = \frac{1}{2}x$ ist,

$$\sin 18^\circ = \frac{\frac{1}{2}x}{1} = \tfrac{1}{4}(-1+\sqrt{5}).$$

Ueber das Positive und Negative in der Geometrie.

59. Bisher sind die Vorzeichen (+ und —) bloß als Aggregationszeichen, nicht als den Größen, vor welchen sie stehen, inhärirend betrachtet worden. Eine erweiterte Bedeutung der trig. Functionen macht aber auch den letzten Gebrauch nothwendig. Wir müssen daher jetzt sehen, wiefern man eine Linie und einen Winkel negativ setzen könne.

60. Wenn von einem Puncte einer graden Linie beliebige, etwa wachsende Abschnitte CA, CA_1, CA_2 etc. genommen werden sollen, so muß die Entstehung dieser Abschnitte als eine von C ausgehende und auf der gr. L. bleibende fortschreitende Bewegung eines Punctes vorgestellt werden; denn in der Geometrie ist alles eigentlich nur in sofern vorhanden, als es construirt ist. Wir betrachten hier C als den festen Ausgangspunct der

Construction, A als die veränderliche Grenze derselben. — Soll von dem entstandenen Abschnitte wieder etwas abgenommen werden, so muß dies durch die entgegengesetzte Construction, oder durch die rückgehende Bewegung des Punctes geschehen. Man sei hiermit von A_2 bis A gelangt, so ist der Rest $CA_2 - AA_2 = CA$. Setzt man die Construction in der aufhebenden Richtung fort, so wird der Rest immer kleiner, je näher der bewegliche Punct gegen C rückt, und in C angelangt wieder Null. Wird die Construction in der aufhebenden Richtung über ihren Ausgangspunct fortgesetzt, so erscheint der Rest CA′ wiederum wachsend, aber in entgegengesetzter Lage.

61. Durch die Identität dieser Operation mit einer Subtraction, bei welcher man den Subtrahend nach und nach wachsen läßt, bis er dem Minuend gleich und größer wird, ist einleuchtend, daß CA und CA′ das Verhältniß additiver und subtractiver, also entgegengesetzter Größen haben, daß mithin, wenn CA als positiv betrachtet wird, CA′ als negativ angesehen werden muß. Allein das genügt hier noch nicht. — Die reine Zahlenlehre (ich verstehe hierunter denjenigen Theil der Arithmetik, welcher schlechterdings keine der Zahl ursprünglich fremdartigen Bestimmungen in sich auf-

nimmt)*) kann die negative Zahl nicht realisiren, ihr keinen selbständigen Werth geben. Mehr als vorhanden ist, kann nicht weggenommen werden. $3-5=0-2=-2$ ist also nur die Bezeichnung einer auf ihren einfachsten Ausdruck gebrachten unausführbaren Subtractionsaufgabe. Die negative Größe läßt sich aber realisiren, erhält einen ostensiv angebbaren Werth, wenn sie aus einer Construction entspringt, welche in der aufhebenden Richtung über ihren Ausgangspunct in gleichem Sinne fortgesetzt werden kann. Auch die Arithmetik kann die negative Zahl nur in sofern realisiren, sofern die Zahl sich auf eine solche Größe bezieht, welche eine Construction, wie die oben bezeichnete, zuläßt. Von diesen ist die Construction der gr. L. mittelst der Bewegung eines Punctes die einfachste und klarste, und könnte wohl als diejenige betrachtet werden müssen, welche die Arithmetik gedrungen hat, die negative Größe einzuführen. Die Geometrie entlehnt daher die negative Größe nicht aus der Arithmetik, sondern umgekehrt. Die Arithmetik giebt dazu nur ihr Zeichen für die aufhebende Synthesis her.

62. Wenn also beliebige veränderliche Abschnitte von einem Puncte C einer gr. L. genommen werden sollen, so ergiebt sich aus dem Gange der Construction, daß, wenn die Abschnitte auf der einen Seite des Punctes positiv gesetzt werden, die auf der andern als negativ bezeichnet werden müssen, wenn man nicht bloß die absolute Größe, sondern auch die Lage ausdrücken will.

---

*) Ausführlicher habe ich mich hierüber erklärt in einer Abhandlung, welche dem Programm des Stettiner Gymnasii vom Jahre 1827 beigelegt ist: „über den Begriff und Umfang der reinen Zahlenlehre."

63. Durch ähnliche Schlüsse, wie bei den Abschnitten einer geraden Linie gemacht wurden, gelangt man zu ähnlichen Resultaten in Ansehung der positiven oder negativen Beschaffenheit eines Winkels. Ein Winkel wird construirt durch die Schwenkung eines Strahles in einer Ebene um einen festen Punct. Jeder andere Punct des Strahles beschreibt dabei einen Kreisbogen, und aus der Elementargeometrie ist bekannt, daß derselbe dem Winkel proportional und das Maaß der Schwenkung oder des Winkels ist. Von Winkeln und Bogen gilt daher immer dasselbe.

64. Eine Schwenkung, die von einer beliebig bestimmten Lage eines Schenkels ausgegangen ist, kann durch die entgegengesetzte wieder aufgehoben werden. Diese Schwenkung in der aufhebenden Richtung vermindert zunächst den entstandenen Winkel, und kann über ihren Ausgangspunct in gleichem Sinne fortgesetzt werden. Wird dann die Schwenkung in dem erstern Sinne als die positive betrachtet, so wird die im letztern als die negative angesehen werden müssen (61) und diese Bezeichnung muß auch das Product derselben (den Winkel oder Bogen) treffen. Ein Winkel läßt sich also in Beziehung auf einen Gang der Construction, und in Beziehung auf einen darin angenommenen positiven Sinn der Schwenkung eben sowohl als negativ ansehen, als ein Abschnitt einer gr. L. Was dort der feste Punct war, von welchem der Abschnitt gerechnet werden sollte, das ist hier die anfängliche Lage des (festen) Schenkels; durch welchen der Ausgangspunct der Schwenkung nur fixirt ist; was dort die Fortschreitung des Punctes, das ist hier die Schwenkung des beweglichen Schenkels, so, daß in der That kein wesentlicher Unterschied ist.

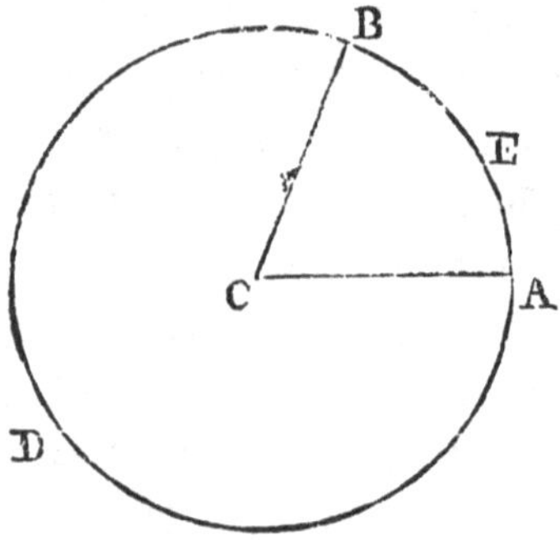

65. Ist nun ein gewisser Winkel wie BCA vorliegend, so kann zuerst gefragt werden, von wo ist die Schwenkung ausgegangen, oder welcher Schenkel ist dabei als der feste, welcher als der bewegliche betrachtet worden? — Indem wir hierüber willkürlich disponiren, nehmen wir CA als den festen Schenkel an, und fragen weiter: durch welche Schwenkung ist der bewegliche Schenkel aus der Lage CA in die Lage CB gekommen? durch die über E nach B oder von A aus über D nach B, und in welchem Sinne soll die Schwenkung als positiv betrachtet werden? — Da über beides gleichfalls beliebig festgesetzt werden kann, so wollen wir die Schwenkung links herum (man steht in C, das Gesicht gegen A) als die positive betrachten, und den Winkel so entstanden denken.

66. Der bewegliche Schenkel kann, bei positiver Schwenkung, endlich auch noch über ABDAB, oder durch eine mehrmalige Umschwenkung und die Schwenkung AB aus der Lage CA in die Lage CB gekommen sein. Die Annahme solcher Winkel, welche größer sind als 4 Rechte, ist nothwendig, um ein Aggregat beliebig vieler Winkel wieder als einen Winkel betrachten zu können. Für die Construction sind jedoch solche Winkel, welche sich um eine, oder um mehrere Umschwenkungen unterscheiden, völlig identisch, und wir können uns daher auf solche Winkel, welche kleiner als 4 Rechte sind, beschränken, ohne dadurch an Allgemeinheit etwas zu verlieren. Auch kann man statt des negativen Winkels jedesmal denjenigen

positiven setzen, welchen man durch Addition von $+4$ Rechten zu demselben erhält.

Anwendung auf die Trigonometrie.

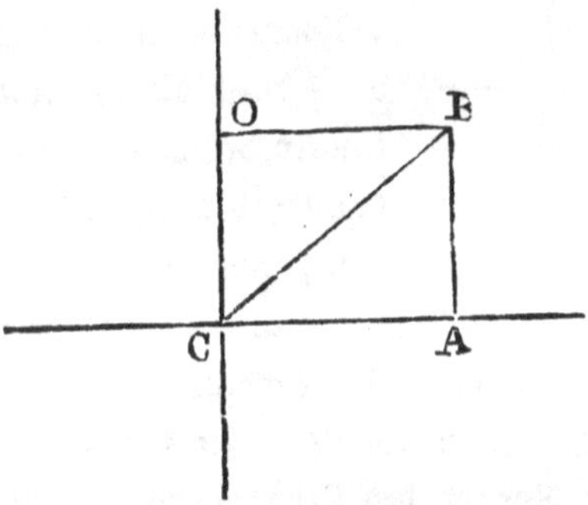

67. Die Lage eines Punctes in einer Ebene läßt sich ohne Voraussetzung gewisser bekannter Oerter in derselben gar nicht bestimmen. Am einfachsten ist es zwei auf einander senkrechte gr. L. in der Ebene anzunehmen, von dem zu bestimmenden Puncte (B) Perpendikel auf dieselben zu fällen, und die Lage des Punctes durch die so erhaltenen Abschnitte (CA und CO) zu bestimmen. Man nennt die Linien Coordinatenaxen, die Abschnitte auf denselben Coordinaten des Punctes, und unterscheidet wohl zwischen denselben dadurch, daß man die eine die Abscissenaxe, ihre Abschnitte Abscissen, die andere die Ordinatenaxe, ihre Abschnitte Ordinaten nennt.

63. Durch die Coordinaten eines Punctes (B) ist zugleich die Lage eines vom Durchschnittspuncte der Coordinatenaxen ausgehenden Strahles CB bestimmt, und im rechtwinkligen Dreieck BAC ist ein beliebiges Seitenverhältniß, oder ein beliebiger Winkel hinreichend, es der Form nach zu bestimmen (§. 7). Es bedarf also gar nicht einmal zweier bestimmter Coordinaten, sondern es ist das Verhältniß derselben unter sich, oder der Einen gegen die Hypotenuse schon hinreichend. Diese Verhältnisse sind aber nichts anders als die trigonometrischen Functionen des Winkels BCA.

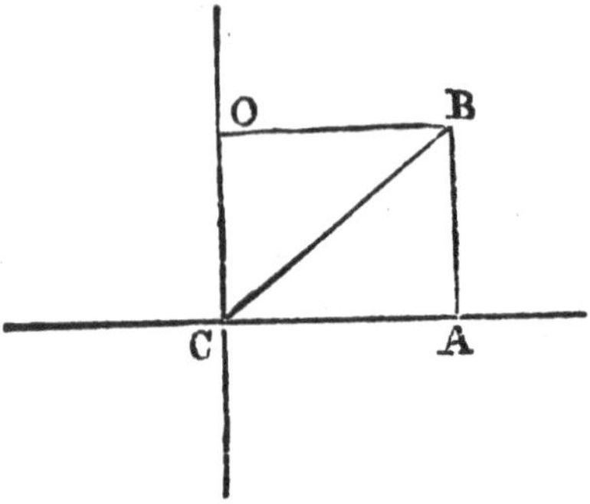

69. Die Lage eines Punctes ist aber durch die absolute Größe seiner Coordinaten nicht völlig bestimmt, da er in jedem der 4 durch die Coordinatenaxen bestimmten Quadranten der Ebene liegen kann, und eben so verhält es sich mit der Lage des Strahles CB. — In jedem dieser Fälle hat man zwar ein dem ABC congruentes Dreieck, aber in verschiedener Lage. Man könnte daher das Dreieck ABC auflösen, und durch Angabe des Quadranten, in welchem es liegt, und durch wörtliche Bezeichnung der Lage der Coordinaten die Lage des Punctes B und des Strahles CA bestimmen, und so die einzelnen Fälle, welche es hier geben kann, durchgehen.

70. Diese Discussionen werden aber überflüssig, und man umfaßt alle verschiedenen Fälle auf einmal, wenn man sowohl die Coordinaten als auch den Winkel nach §. 59.—66. bestimmt, und die Vorzeichen nicht bloß als Aggregationszeichen, sondern auch als den Zahlen und Linien inhärirend, ihre positive oder negative Beschaffenheit bezeichnend, betrachtet. Hierzu ist nur nöthig, daß man die Lage der

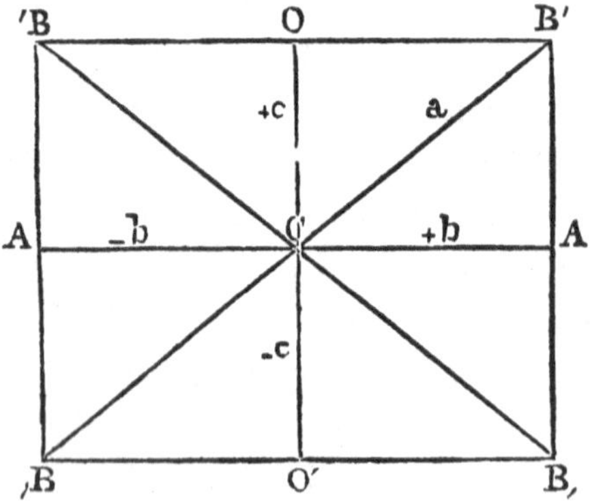

als positiv zu betrachtenden Abschnitte auf den Coordinaten-axen beliebig bestimmt, und diejenige Halbaxe bezeichnet, welche man bei der Winkelbestimmung als den festen Schenkel betrachten will — endlich auch den positiven Sinn der Schwenkung angiebt. Die Uebereinstimmung mit der bisherigen Entwickelung fordert nun schon die Eine positive Halbaxe (Abscissenaxe) als den festen Schenkel, und den Sinn der Schwenkung gegen die zweite positive Halbaxe (Ordinatenaxe) als den positiven zu betrachten, damit für das Dreieck, welches den spitzen Winkel unmittelbar enthält, alles positiv bleibe, und die unbezeichneten Linien und Functionen als positive gelten können. Auch der bewegliche Schenkel (CB) muß mithin als positiv betrachtet werden, und da es eben seine Bestimmung ist, seine Lage zu verändern, so folgt nothwendig, daß er in jeder möglichen Lage von C aus als positiv betrachtet werden müsse, und nur seine entgegengesetzte Verlängerung durch den Scheitelpunct negativ sei.

71. Man nennt diejenige Behandlungsart geometrischer Gegenstände, nach welcher man ihr räumliches Verhältniß durch Gleichungen ausdrückt, die analytische Geometrie Man muß dabei auf eine der oben bezeichneten analoge Weise von gewissen bekannten Oertern als Coordinatenaxen ausgehen, aber diese können möglicherweise gerade und krumme Linien, sie können senkrecht, oder unter beliebigem Winkel gegen einander geneigt sein, der Anfangspunct der Abscissen kann in einem beliebigen Puncte der einen Axe angenommen werden, die zu bestimmende Linie oder Fläche kann die Coordinatenaxen in beliebigen Puncten durchschneiden u. s. w. Man sieht hieraus, daß die Trigonometrie nur ein einzelner, einfacher, aber ausführlich bearbeiteter Fall der analytischen Geometrie ist, sofern dabei vorausgesetzt wird, daß die Coor-

dinatenaxen geradlinig und auf einander senkrecht sind, ihr Scheitelpunct zugleich Anfangspunct der Abscissen ist, und die zu bestimmende gr. L. oder Ebene jedesmal durch diesen Scheitelpunct gelegt ist. Jede trigonometrische Function kann dann als eine (jedoch nicht völlig bestimmende) Gleichung einer gr. L. angesehen werden, welche die Axe der Abscissen unter einem gewissen Winkel durchschneidet. Nach der gewöhnlichen Methode die Abscissen und Ordinaten als Functionalgrößen in die Gleichung einzuführen, gilt dies insbesondere von dem Tangentenverhältniß.

72. Setzt man statt des überrechten Winkels den spitzen Winkel, welchen der zweite Schenkel mit der Linie des ersten macht, und zieht die Ordinate BA, so gelten die Definitionen der trigonometrischen Functionen aus dem rechtwinkligen Dreieck (§. 13—21) für alle Quadranten. So fern jedoch eine Function auf den überrechten Winkel selbst bezogen werden soll, muß man den Coordinaten die ihnen gebührenden Zeichen geben, und die Zeichen der trig. Funct. darnach bestimmen, wie von selbst klar ist, da der Ausgangspunct der Schwenkung hierdurch bestimmt wird, und nicht mehr beliebig angenommen werden kann.

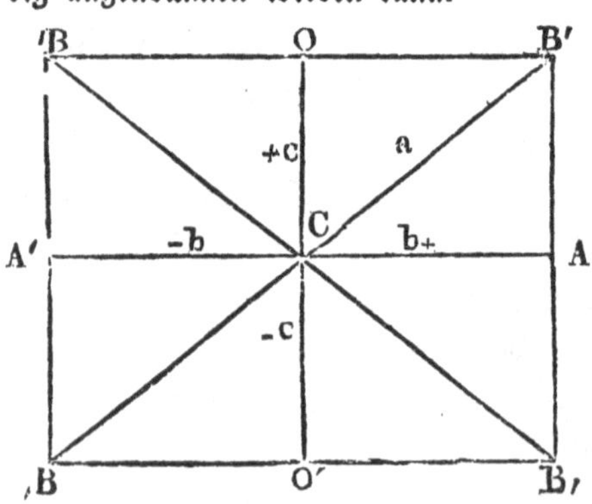

73. Da nun $\sin C = \frac{c}{a}$ und $\operatorname{cosec} C = \frac{a}{c}$, (§. 13, 14) der bewegliche Schenkel CB = a aber in je-

der seiner Lagen positiv ist, so folgt, daß der Sinus und die Cosecante mit der Ordinate $AB = c$ zugleich negativ werde. Eben so folgt, da $\cos C = \frac{b}{a}$ und $\sec C = \frac{a}{b}$, (§. 16, 17), daß der Cosinus und die Secante mit der Abscisse $CA = b$ zugleich negativ werde. Endlich, da $\tang C = \frac{c}{b}$, und $\cotg C = \frac{b}{c}$ (§. 19, 20), daß das Zeichen der Cotangente und Tangente davon abhänge, ob beide Coordinaten gleiche oder ungleiche Zeichen haben.

74. Hiernach lassen sich nun die Zeichen der trig. Funct. für Winkel aller Quadranten bestimmen. Zugleich ist klar, daß durch die Größe des Winkels ACB die Größe und die Vorzeichen seiner sämmtlichen trig. Functionen ganz unzweideutig bestimmt sind, daß aber umgekehrt durch Eine trig. Funct., wenn sie auch ihr Vorzeichen hat, der Winkel noch nicht unbedingt gegeben sei, sondern immer noch eine Zweideutigkeit bleibt. Um den Winkel vollständig zu bestimmen, müßte man die Vorzeichen seiner beiden Coordinaten kennen. Aber das Tangentenverhältniß gestattet eine Verwechselung der Vorzeichen, die übrigen Functionen enthalten die eine der beiden Coordinaten gar nicht.

75. Auch ergiebt sich, daß schon bei den spitzen Winkeln alle möglichen absoluten Werthe der trig. Funct. vorkommen müssen. Ueberhaupt sind die Winkel, denen gleiche absolute Werthe der trig. Funct. angehören, wenn man den spitzen Winkel ACB oder den ihm zugehörigen Bogen mit x bezeichnet, folgende:

in Graden		in Bogen
x		x
$180^\circ - x$	. . . .	$\pi - x$
$180 + x$	. . . .	$\pi + x$
$360 - x$	. . . .	$2\pi - x$,

wenn π den durch den Radius gemessenen halben Umfang des Kreises bezeichnet.

Dies sind aber diejenigen Winkel, bei welchen der bewegliche Schenkel mit der Linie des festen gleiche spitze Winkel macht.

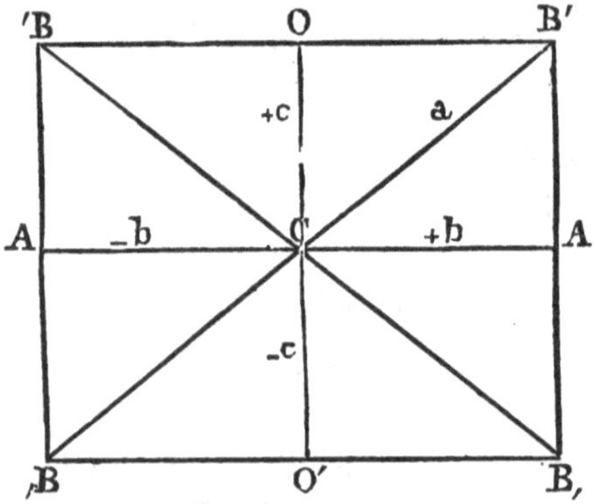

76. Nimmt der Winkel BCA ab, so nimmt auch BA ab; wird BCA $= 0$, so wird auch BA oder CO $= 0$, während CA $=$ CB wird. Hieraus folgt, daß der Sinus und die Tangente eines Winkels von $0°$ selbst $= 0$, der Cosinus und die Secante $= 1$, die Cotangente $\left(\frac{AC}{AB}\right)$ und die Cosecante $\frac{BC}{AB}$ unendlich groß werden. — Nähert sich der Winkel einem Rechten, so nimmt CA oder OB über alle Grenzen ab, und wird $= 0$, sobald der Winkel ein Rechter geworden ist. Der Cosinus und die Cotangente eines rechten Winkels sind also $= 0$; der Sinus und die Cosecante sind $= 1$, die Tangente $\left(\frac{AB}{AC}\right)$ und die Secante $\left(\frac{BC}{AC}\right)$ sind unendlich groß. — Es hat gar keine Schwierigkeiten, die Beschaffenheit der trig. Funct. zu bestimmen, wenn der Winkel so groß wie 2 Rechte, oder so groß wie 3 Rechte geworden ist.

77. Hiernach läßt sich nun die folgende Tafel für den Gang, welchen die trig. Funct. nehmen, aufstellen, wenn der Winkel von 0 bis 360° wächst. Durch die Buchstaben M und m ist hier das absolute Maximum und Minimum bezeichnet. Das Zeichen ∞ bedeutet unendlich groß.

Tafel über die Lage der trigonometrischen Linien.

Benennung der Funct.	0°	0 bis 90°	90°	90 bis 180°	180°	180 bis 270°	270°	270 bis 360°
Sinus	0 m	+ wächst	+ 1 M	+ nimmt ab	0 m	— wächst	— 1 M	— nimmt ab
Cosinus	+ 1 M	+ nimmt ab	0 m	— wächst	— 1 M	— nimmt ab	0 m	+ wächst
Tangente	0 m	+ wächst	∞ M	— nimmt ab	0 m	+ wächst	∞ M	— nimmt ab
Cotangente	∞ M	+ nimmt ab	0 m	— wächst	∞ M	+ nimmt ab	0 m	— wächst
Secante	+ 1 m	+ wächst	∞ M	— nimmt ab	— 1 m	— wächst	∞ M	+ nimmt ab
Cosecante	∞ M	+ nimmt ab	+ 1 m	+ wächst	∞ M	— nimmt ab	— 1 m	— wächst
Sinus versus	0 m	+ wächst	+ 1	+ wächst	2 M	+ nimmt ab	+ 1	+ nimmt ab
Cosinus versus	+ 1	+ nimmt ab	0 m	+ wächst	+ 1	+ wächst	+ 2 M	+ nimmt ab

Für einen beliebigen negativen Winkel erhält man die Functionen mit ihren Vorzeichen, wenn man zu demselben 360^{0} addirt, und ihn so als positiv betrachtet (66).

78. Aus der Art, wie die trig. Funct. sich gegenseitig bestimmen, hat man ganz allgemein:

1. $\sin(90^{\circ}+x)=\cos x$; 2. $\cos(90^{\circ}+x)=-\sin x$,

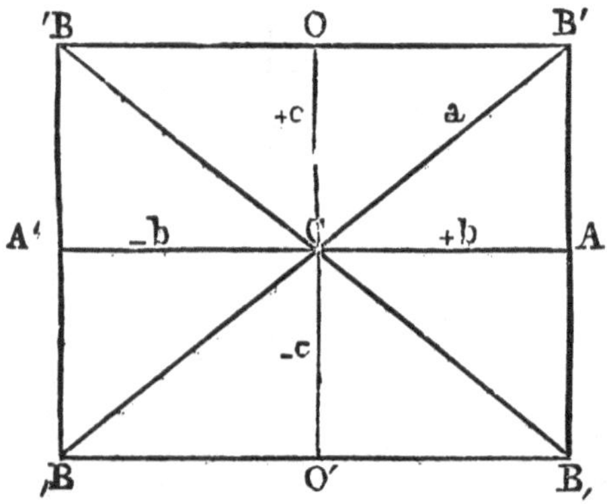

der Winkel x sei von welcher Beschaffenheit er wolle. Dies ergiebt sich unmittelbar aus der Figur, wenn man den festen Schenkel auf der Ordinatenaxe nimmt, folgt aber auch aus dem bloßen Anblicke der Tafel, wo der Sinus des folgenden Quadranten dem Cosinus des vorhergehenden, der Cosinus des folgenden Quadranten dagegen dem entgegengesetzt genommenen Sinus des vorhergehenden gleich ist.

Der Beweis der beiden Gleichungen kann als genügend gelten, läßt sich aber auch leicht durch eine vollständige Induction führen. Folgendes möge zur Erläuterung des Obigen dienen. Wenn man den Sinus (oder Cosinus) eines beliebigen überrechten Winkels $(90^{\circ}+x)$ durch den Cosinus (oder Sinus) des Ueberschusses x ausdrücken will, so muß der Winkel x von der Ordinatenaxe CE aus gerechnet werden, und die beiden Axen vertauschen ihre Bedeutung. Aber der Cosinus des Winkels x wird auf der Linie des festen Schenkels genommen, welche ihre positive Lage noch hat, ist mithin dem Sinus des überrechten auch dem Zeichen nach gleich. Hingegen für den Sinus von x hat die nunmehrige Ordinatenaxe ihr Zeichen vertauscht, mithin wird $\cos(90+x)=-\sin x$.

79. Aus diesen beiden Gleichungen läßt sich nun die allgemeine Gültigkeit der Formeln 11 bis 14 herleiten. Gelten diese letztern nämlich für 2 Winkel x und y, so gelten sie auch für (x + 90) und y, denn nach den beiden vorstehenden Formeln ist:

$$\sin(90^\circ + x + y) = \cos(x+y) = \cos x . \cos y - \sin x . \sin y$$
$$\cos(90^\circ + x + y) = -\sin(x+y) = -\sin x . \cos y - \cos x . \sin y.$$

Es ist aber

$$\cos x = \sin(90^\circ + x)$$

und

$$-\sin x = \cos(90^\circ + x).$$

Dieses in die obigen Formeln substituirt, giebt:

$$\sin[(90^\circ + x) + y] = \sin(90^\circ + x)\cos y + \cos(90^\circ + x)\sin y$$
$$\cos[(90^\circ + x) + y] = \cos(90^\circ + x)\cos y - \sin(90^\circ + x)\sin y.$$

Dieses sind aber wieder die nämlichen Formeln, wie 11 und 13, wenn man $90^\circ + x$ statt x schreibt. Setzt man y negativ, so hat man daraus auch die Formeln 12 und 14.

80. Da nun die Gültigkeit der Formeln 11 bis 14 bleibt, wenn man einen der beiden Winkel vergrößert, d. h. ihn in einen andern Quadranten versetzt, so gelten diese Formeln ganz allgemein, die Winkel mögen so groß sein wie man will. Aus diesen 4 Formeln sind aber alle übrigen hergeleitet. Sind sie von allgemeiner Gültigkeit, so sind es auch die abgeleiteten. Ungeachtet unsere Formeln ursprünglich nur für spitze Winkel entwickelt wurden, so haben sie doch völlig allgemeine Geltung.

Die trigonometrischen Linien für ein und dasselbe positive Maaß.

81. Die trigonometrischen Verhältnißfactoren (Functionen) sind von uns als Quotienten zweier Seiten des rechtwinkligen Dreiecks dargestellt worden. Hierbei war das Maaß veränderlich, und konnte jede Seite des rechtwinkligen Dreiecks sein. Man kann sich nun die Aufgabe geben, die Construction so anzuordnen, daß die gemessenen Linien sich unter einander so verhalten, wie die trigonometrischen Functionen, welche sie darstellen, und mit diesen Functionen zugleich positiv und negativ werden.

82. Die erste dieser Bedingungen fordert, daß alle Linien mit einem und demselben Maaß gemessen werden, und es folgt daraus von selbst, daß man sie als Linien in oder an einem Kreise darstellen muß, dessen Halbmesser für eine jede das gemeinsame Maaß ist. Die zweite Bedingung verlangt, daß das Maaß stets die als positiv angenommene Lage behalte.

83. Die Anordnung muß mithin so getroffen werden, daß nach und nach jede Seite des Dreiecks Halbmesser des Kreises wird, und der Winkel, auf welchen sich die Function bezieht, am Mittelpuncte desselben liegt, damit sie zugleich auf den Kreisbogen bezogen werden könne, welcher den Winkel mißt.

84. Bei dem Sinus und Cosinus ist nun die Hypotenuse das Maaß, wird daher Halbmesser, und da diese, als der bewegliche Schenkel, in jeder Lage als positiv zu betrachten ist (§. 70.), so wird die Linie von selbst mit der Function zugleich positiv oder negativ für alle Quadranten.

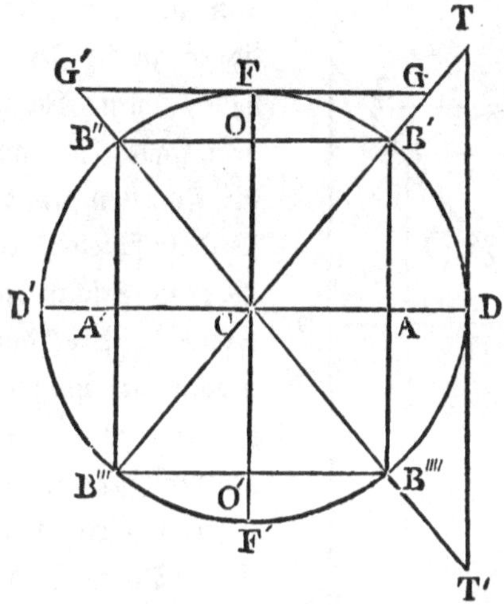

85. Um die Tangente zu erhalten, für welche die dem Winkel anliegende Cathete das Maaß ist, muß ein zweites dem ersten ABC ähnliches Dreieck CDT gezeichnet werden, damit die dem Winkel anliegende Kathete Halbmesser werde. Es muß aber die Tangente stets durch D, den Endpunct des festen und als positiv gesetzten Schenkels gelegt werden, damit die Tangente DT oder DT′ mit der Function zugleich positiv oder negativ werde. Dies setzt nämlich voraus, daß das Maaß stets positiv bleibe, mithin CD, nicht CD′ sei. Hierdurch erhält man für den zweiten und vierten Quadranten die Tangente DT′ negativ.

86. Die Secante hat dasselbe positive Maaß, wie die Tangente. Da die Hypotenuse als der bewegliche Schenkel des veränderlichen Winkels in jeder möglichen Lage positiv ist, so kann die Secante nur dadurch negativ werden, daß sie nicht die Hypotenuse selbst, sondern die rückwärts durch den Scheitelpunct gehende Verlängerung des stets positiven Winkelschenkels ist, also im 2ten und 3ten Quadranten, wie auch schon daraus erhellt, daß sie der reciproke Werth des Cosinus ist.

87. Die scheinbare Abweichung in der Lage der Tangente und Sekante rührt von der Forderung her, daß die Li=

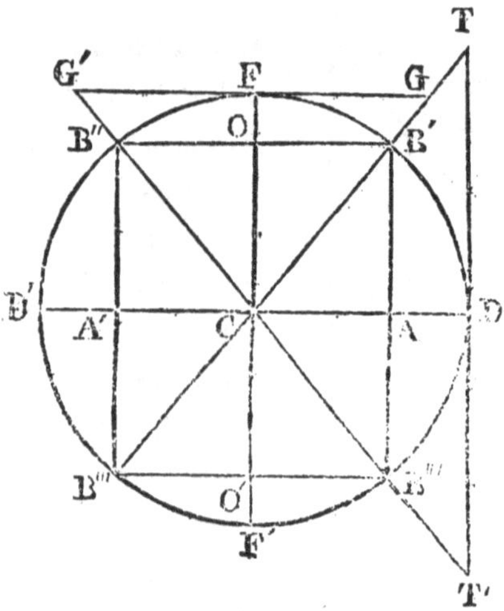

nien mit den Functionen gleiche Zeichen haben sollen. In jedem Falle, wo nun die Function, als der Verhälnißfactor, dadurch ihr Zeichen verändert, daß das Maaß negativ ist, muß ihr hier eine andere Lage gegeben werden, als sie in den rechtwinkligen Dreiecken des 2ten und 3ten Quadranten erhalten haben würde.

88. In Einem Falle ist es nun unmöglich, die beiden Forderungen §. 83 zugleich zu erfüllen, den Winkel an den Mittelpunct zu bringen, und das Maaß als Halbmesser zu gebrauchen, weil hier keine der anliegenden, sondern die dem Winkel gegenüberliegende Seite das Maaß ist. Man kehrt deshalb das rechtwinklige Dreieck um und legt es mit seinem andern spitzen Winkel an den Mittelpunct, so daß beide Dreiecke das Rechteck ABCO bilden. Verlängert man nun die Kathete CO bis an den Kreis in F; und zieht FG senkrecht auf CF, so ist FG die Cotangente, CG die Cosecante, aber nicht des Winkels FCG, sondern des Winkels FGC = ACB.

89. Damit die Linie FG, als die Cotangente, mit der Function zugleich negativ werde, muß sie stets durch den Endpunct desjenigen Halbmessers gelegt werden, welcher auf der positiven Halbaxe der Ordinaten liegt, also durch F, nicht durch F′ gehen. Sie ist aber positiv oder negativ, jenachdem

von F aus ihre Lage der positiven oder negativen Halbaxe der Abscissen entspricht. — Ist der Winkel größer als 180°, so wird sie durch den rückwärts durch den Scheitelpunkt verlängerten zweiten Schenkel begrenzt. Die Cotangente erscheint dadurch im 2ten und 4ten, die Cosecante im 3ten und 4ten Quadranten negativ, und ist so, indem beide auf das positive Maaß CF bezogen sind, in Uebereinstimmung mit der Function.

90. Das schon §. 23 entwickelte Verhältniß der coordinirten Functionen erscheint hier in noch hellerem Lichte, und es fällt unmittelbar in die Augen, daß die indirecten Functionen (der Cosinus, die Cotangente und die Cosecante) eines Winkels x, die directen Functionen des Ergänzungswinkels 90° — x sind, als welche sie hier unmittelbar erscheinen.

91. Auch der Sinus versus AD, und Cosinus versus OF, welche wir im rechtwinkligen Dreiecke nicht unmittelbar vorfanden, sind hier, durch dasselbe Maaß, wie die übrigen trigonometrischen Functionen, gemessen, als lineare Größen vorhanden, und auch hier ist der Cosinus versus des Hauptwinkels gleich dem Sinus versus des Ergänzungswinkels oder Bogens.

92. Hierdurch ist nun die Absicht völlig erreicht, die sämmtlichen trigonometrischen Functionen eines und desselben Winkels als lineare Größen zu verzeichnen, und der Lage nach mit ihnen in Uebereinstimmung zu bringen. Es verhält sich also, wenn man den Winkel ACB, x nennt:

AB : AC : DT : FG : CT : CG : AD : OF wie
sin x : cos x : tang x : cotg x : sec x : cosec x : sinv x : cosv x

unter Anwendung der Accente durch alle Quadranten. — Von dieser Lage im und am Kreise ist ihre Benennung hergenommen; diese darf aber nicht verleiten, sie für etwas anders als reine Zahlenfactoren zu halten.

93. Ueber die Beschaffenheit der trig. Funct., sofern sie sich auf Winkel jeder Art beziehen, verdienen folgende Sätze gemerkt zu werden, welche nun schon Erwiesenes aussprechen.

1) Nebenwinkel haben gleiche Sinus.
2) Das Vorzeichen des Winkels ändert das Zeichen des Sinus, aber nicht des Cosinus.
3) Bei Winkeln, welche sich um gleich viel von einer geraden Anzahl von Rechten (0R, 2R, 4R, etc.) unterscheiden, sind die gleichnamigen trigonometrischen Functionen, absolut genommen, einander gleich (§. 75).
4) Winkel, welche um 4 R, 8 R, etc. unterschieden sind, haben auch dem Vorzeichen nach gleiche trig. Funct.
5. Will man unter den trig. Functionen wirkliche Linien verstehen, so folgt aus 27, daß man durch Hinzufügung des Halbmessers als Factor allen Gliedern gleichviel Dimensionen geben muß, z. B. in F. (1) $\sin x^2 + \cos x^2 = r^2$, wenn r den Halbmesser bezeichnet.

Auflösung ebener Dreiecke.

94. Wir haben oben (39 — 58) Gleichungen zwischen den Functionen der Winkel dreier gerader Linien aufgestellt, welche sich in einem Puncte durchschneiden. — Durchschneiden sich 3 ungleichlaufende gerade Linien nicht in einem Puncte, so bilden sie ein Dreieck, und es treten außer den Winkeln noch die Seiten hinzu, welche durch die gegenseitige Begrenzung der Linien entstehen. Hierdurch erhält man nun eine andere Reihe von Gleichungen, deren Zweck die Auflösung der Dreiecke unmittelbar ist.

95. Die Auflösung der rechtwinkligen Dreiecke ist durch die Definition der trig. Funct. selbst gegeben. Jedes schief-

winklige Dreieck läßt sich nun auf 2 rechtwinklige zurückführen, und häufig dadurch bequem auflösen, doch wird die so erhaltene Auflösung auch in vielen Fällen weitläuftig und unbequem.

96. Im Allgemeinen ist klar, daß, wenn ein Dreieck für die Construction bestimmt ist, es auch für die Rechnung bestimmt sein muß, nur daß im letztern Falle die Data in Zahlen — die Seiten nach irgend einem Längenmaaß, die Winkel in Graden und Minuten vorliegen müssen. Die Construction findet nun jedesmal das ganze Dreieck, d. h. alle fehlenden Stücke zugleich. — Die Trigonometrie aber findet eins nach dem andern, und jedes einzeln. Wenn die Data dieselben bleiben, so muß man doch mehrere Gleichungen anwenden, je nachdem man eins oder das andere der noch übrigen Stücke sucht.

97. Da zur Bestimmung des Dreiecks wenigstens 3 Stücke erforderlich sind, und von den fehlenden jedesmal Eins gesucht wird, so müssen in einer trigonometrischen Gleichung zur Auflösung eines schiefwinkligen Dreiecks 4 Stücke enthalten sein, welche wir die in Frage gestellten Stücke nennen wollen. Von den 4 in Frage gestellten Stücken kann dann, wie in jeder andern Gleichung, das eine oder das andere als das gesuchte angesehn, als solches auf die eine Seite der Gleichung allein geschafft, und durch die übrigen bekannten ausgedrückt werden. Nur wenn die zu suchende Größe in der Gleichung unter verschiedenen Functionalformen vorkommt, wird das Verfahren weitläuftiger. Beschränken wir uns nun auf die Seiten und Winkel, so werden von den 6 Stücken, welche im Dreieck vorkommen, jedesmal 2 Stücke in der Gleichung fehlen, welche die 4 übrigen enthält. Es wird daher so viele verschiedene Gleichungen geben, als es Paare fehlender Stücke giebt.

98. In einer solchen Gleichung zwischen 4 in Frage gestellten Stücken können nun fehlen:

Eine Seite und Ein Winkel. — Hierbei macht es nun einen Unterschied, ob die fehlende Seite und der fehlende Winkel einander anliegen, oder ob sie gegenüber stehen.

Oder es können in der Gleichung fehlen 2 Seiten. Da in diesem Falle die in der Gleichung vorkommende Seite nothwendig gegeben sein muß, der gesuchte Winkel aber durch Subtraction der beiden andern gegebenen von 180° herbeigeschafft werden kann, so bedarf dieser Fall keiner Berücksichtigung in der Trigonometrie.

Endlich können unter den in Frage gestellten Stücken 2 Winkel fehlen, auf deren Lage es in der Gleichung, welche alle 3 Seiten enthält, nicht weiter ankommen kann.

99. Es sind also nur drei eigentlich verschiedene Fälle, welche bei der trig. Aufl. der Dreiecke vorkommen können, wenn bloß Seiten und Winkel in Frage gestellt sind. Die Gleichungen können aber unter verschiedene Formen gestellt werden, theils um sie für die logarithmische Bearbeitung bequemer zu machen, theils um jedes der in Frage gestellten Stücke durch die übrigen entwickelt auszudrücken. Auch der Flächeninhalt des Dreiecks, die Höhen, Halbmesser des eingeschriebenen und umschriebenen Kreises, Summen und Unterschiede der Seiten u. s. w. können mit in Frage gestellt werden. Es enthalten indeß die obigen 3 Fälle alle Elemente, um mit Hülfe der Lehre von den Gleichungen auch die übrigen zu beurtheilen.

Aufg. Es sollen die drei möglichen Fälle durch die in Frage gestellten Stücke selbst (nicht durch die fehlenden), allgemein und in Worten ausgedrückt, und die unter einem jeden begriffenen Falle aus dem Dreieck BCD (Fig. zu 101.) einzeln angegeben werden.

100. Bei der Aufstellung dieser Gleichungen kann man nun entweder von der geometrischen Betrachtung des Dreiecks ausgehen. Dies giebt, da die Trigonometrie ihrer Natur nach analytisch ist (§. 11), eine Art von gemischter Methode, die aber für den Anfänger leichter und bildender ist. — Oder man kann einen der sich zuerst darbietenden Fälle zu Grunde legen, und daraus die Gleichungen für die übrigen Fälle ableiten, wodurch die Methode rein analytisch wird. Wir wollen uns zunächst der ersten Methode bedienen.

Es sind zwei Seiten, und die gegenüberliegenden Winkel in Frage gestellt.

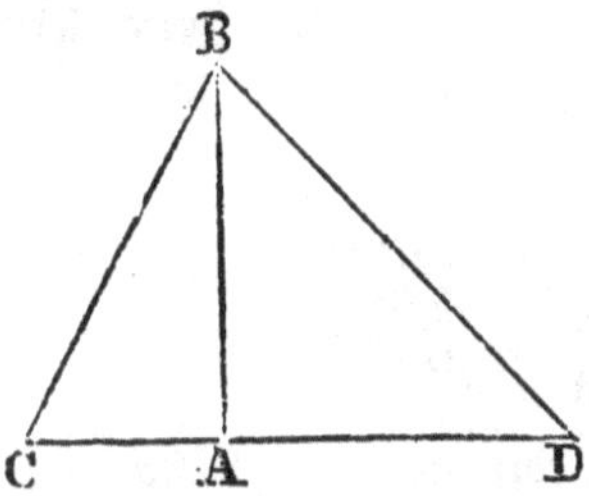

101. Im Dreieck BCD, dessen Seiten nach den gegenüberliegenden Winkeln mit b, c, d bezeichnet werden mögen, mögen c, d, C, D die in Frage gestellten Stücke sein. Man fälle das Perpendikel BA aus B auf CD. Im rechtwinkligen Dreieck ABC hat man dann: $AB = d . \sin C$. Im rechtwinkligen Dreieck ABD dagegen: $AB = c . \sin D$. — Hieraus folgt:

$$c . \sin D = d . \sin C \quad \text{oder} \quad \odot\ c : d = \sin C : \sin D.$$

Hätte man das Perpendikel aus D auf BC gefällt, so hätte man eben so erhalten:

$$b : c = \sin B : \sin C.$$

In einem Dreieck verhalten sich die Seiten wie die Sinus der gegenüberliegenden Winkel.

Sollte einer von den Winkeln stumpf sein, wie BCD in der Fig. zu §. 105, so bleibt die Proportion doch ganz ungeändert, da Nebenwinkel gleiche Sinus haben.

102. Dividirt man die obige Gleichung mit $\sin C . \sin D$, so erhält man $\frac{c}{\sin C} = \frac{d}{\sin D}$, und auch $= \frac{b}{\sin B}$ oder geordnet:

$$(74) \quad \frac{b}{\sin B} = \frac{c}{\sin G} = \frac{d}{\sin D}.$$

Man könnte den vorstehenden Lehrsatz daher auch so ausdrücken: Der Quotient einer Seite durch den Sinus des gegenüberliegenden Winkels ist für ein und dasselbe Dreieck eine beständige Größe.

103. Aus der obigen Proportion (⊙) folgt:

$$(75) \quad c = d . \frac{\sin C}{\sin D} = d . \frac{\sin C}{\sin (B + C)},$$

weil D und $B + C$ sich zu 180° ergänzen, und Nebenwinkel gleiche Sinus haben. Die Gleichung in dieser Form lehrt aus einer Seite und den Winkeln die übrigen Seiten zu finden.

104. Aus der Proportion ⊙ folgt ferner

$$(76) \quad \sin C = \frac{c}{d} . \sin D.$$

Die Gleichung in dieser Form, lehrt aus 2 Seiten eines Dreiecks, und dem Winkel, welcher der einen gegenüber liegt, den der andern gegenüberliegenden Winkel zu finden.

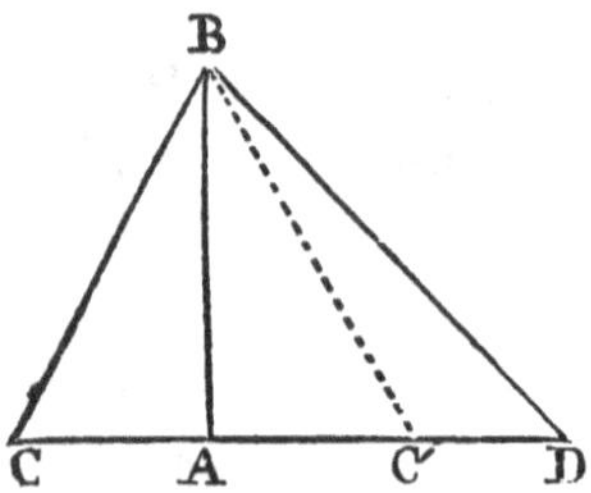

105. Da der gesuchte Winkel hier durch seinen Sinus gefunden wird, so bleibt zwischen 2 Nebenwinkeln, denen der Sinus mit gleichem Rechte angehört, die Wahl, und das Dreieck kann eben sowohl BCD als BC'D sein. Ist jedoch $d > c$, so muß auch $D < C$ mithin C spitz sein. — Das Dreieck wird unmöglich, wenn $\frac{d}{c} > \sin D$,

weil dann $\sin C > 1$ wird; es wird rechtwinkelig, wenn $\sin C = 1$ mithin $\frac{d}{c} = \sin D$ wird.

106. Aufg. 1. Nach F. 2 und 3, jede Seite, und jeden Winkel des Dreiecks BCD auf doppelte Weise auszudrücken. (12 Gleichungen ergeben sich auch leicht aus den 3 Proportionen $b:c:d = \sin B : \sin C : \sin D$, wenn man jedes Glied durch die übrigen ausdrückt).

Aufg. 2. Um aus $CD = b$ aus C und D die Seiten c, d zu finden, erhält man $c = \frac{b \sin C}{\sin(C+D)}$, $d = \frac{b . \sin D}{\sin(C+D)}$.

Es sei

$b = 5{,}4768$;	$\log b = 0{,}7385269$
$C = 21^\circ 17' 21''$	$\log \sin(C+D) = 9{,}7902299$ subtr.
$D = 16^\circ 48' 9''$	
	$0{,}9482870$
$C+D = 38^\circ 5' 30''$	$\log \sin C = 9{,}5599964$
	$\log \sin D = 9{,}4610083$
$c = 3{,}223245$	$\log c = 0{,}5082934$
$d = 2{,}566288$	$\log d = 0{,}4093053$

Es sind 2 Seiten, der zwischenliegende und ein anliegender Winkel in Frage gestellt.

107. Im Dreieck BCD seien b, d, C, D in Frage gestellt. Man fälle das Perpendikel AB, so ist:

$$AB = d . \sin C; \quad BC = d . \cos C,$$

mithin

$$AD = b - AC = b - d . \cos C.$$

Hieraus ist:

$$\tang D = \frac{AB}{AD} = \frac{d . \sin C}{b - d . \cos C} \quad (77).$$

108. In der Form, in welcher die Gleichung hier steht, lehrt sie aus 2 Seiten und dem eingeschlossenen Winkel (b, d, C) den Winkel, welcher einer der beiden Seiten (hier d)

gegenüber liegt, zu finden. Für diesen Fall ist sie auch allein brauchbar; denn sollte der Zwischenwinkel oder eine der Seiten gesucht werden, so würde man sich immer bequemer einer der beiden vorhergehenden Formeln bedienen (F. 74, 75), da durch 2 Winkel im Dreieck der dritte gegeben ist.

109. Ist der Winkel C stumpf (BC′D Fig. 105), so ist $AD = b + AC'$; da indeß der Cosinus des stumpfen Winkels negativ ist, so kehrt sich schon dadurch das Minuszeichen im Nenner um, und die Formel bleibt ungeändert. — Ist $d.\cos C > b$, so wird der Nenner, mithin der ganze Bruch, d. h. $\tang D$, negativ. Der Winkel D ist dann also ein stumpfer. — Es versteht sich, daß das Zeichen der gesuchten Größe durch die Gleichung selbst erst bestimmt wird. Ist $x = -b$, so ist x negativ, und die Gleichung enthält keinen Widerspruch!

Aufg. Die Variationen der Formel 77 für $\triangle BCD$ darzustellen.

$$\tang B = \frac{b.\sin C}{d - b.\cos C} = \frac{b.\sin D}{c - b.\cos D} \text{ etc.}$$

110. Schlägt man aus C mit dem Halbmesser BC einen Halbkreis, und verlängert CD bis an denselben in E und F, verbindet BF und BE, und zieht EG parallel BF, so ist:

$$DF = b + d; \quad DE = b - d; \quad BEC = t = \tfrac{1}{2}(B + D);$$
$$EBD = u = \tfrac{1}{2}(B - D).$$

In den ähnlichen Dreiecken FBD und EGD verhält sich

$$DF : DE = BF : GE,$$

d. h. da die Dreiecke FBE und BEG bei B und E rechtwinklig sind,

$$b + d : b - d = BE.\tang t : BE.\tang u$$

oder

$$(78) \quad b + d : b - d = \tang \tfrac{1}{2}(B + D) : \tang \tfrac{1}{2}(B - D)$$

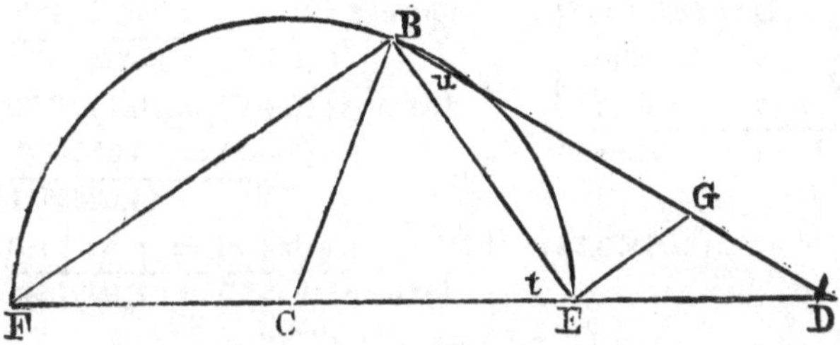

Die Summe zweier Seiten eines Dreiecks verhält sich zu ihrem Unterschiede, wie die Tangente der halben Summe der gegenüberliegenden Winkel zur Tangente ihrer halben Differenz.

111. Die Proportion lehrt aus 2 Seiten und dem eingeschlossenen Winkel die beiden übrigen Winkel des Dreiecks zu finden, auf einem für die logarithmische Berechnung bequemeren Wege, als F. 76. Es ist nämlich durch den eingeschlossenen Winkel (C) die Summe der beiden übrigen, mithin auch ihre Hälfte gegeben, man kennt daher 3 Glieder der Proportion, und kann das 4te finden. Aus der halben Summe und dem halben Unterschiede finden sich aber die beiden einzelnen Winkel nach einer bekannten arithmetischen Regel.

112. Da $\frac{1}{2}C+\frac{1}{2}(B+D)=90^\circ$, so ist $\tang\frac{1}{2}(B+D) = \cotg\frac{1}{2}C$, welches man in der Proportion (78) substituiren kann.

Aufg. 1. Die Variationen der Formel 77 aus dem Dreieck FCD so darzustellen, daß die Tangente des halben Unterschiedes der nicht gegebenen Winkel jedesmal entwickelt ist, z. B.

$$\tang\frac{1}{2}(B-C)=\frac{b-c}{b+c}\cdot\tang\frac{1}{2}(B+C)=\frac{b-c}{b+c}\cdot\cotg\frac{1}{2}D \text{ etc.}$$

Aufg. 2. Zu einem Dreieck BCD sind gegeben:

$$\left\{\begin{array}{r}\angle D = 68^\circ 7' 36'' \\ b = 56843{,}09 \\ c = 49657{,}25\end{array}\right\}$$

$b - c = 7185{,}84$;

Hieraus ist: $\frac{1}{2} D = 34^\circ\ 3'\ 48''$

$$\frac{1}{2}(B+C) = 55^\circ 56' 12''$$

$$\log \operatorname{tang} \tfrac{1}{2}(B+C) = 10{,}1699776$$

$$\log (b - c) = 3{,}8564775$$

$$14{,}0264551$$

$b + c = 106500{,}34$;

$$\log (b + c) = 5{,}0273510$$

$$\log \operatorname{tang} \tfrac{1}{2}(B - C) = 8{,}9991041$$

$$\begin{array}{rl} \frac{1}{2}(B+C) = & 55^\circ 56' 12'' \\ \frac{1}{2}(B-C) = & 5^\circ 41' 56'' \\ \hline B = & 61^\circ 38' \ 8'' \\ C = & 50^\circ 14' 16'' \\ \text{Probe } D = & 68^\circ \ 7' 36'' \\ \hline & 180^\circ \ 0' \ 0'' \end{array}$$

Es sind die drei Seiten und ein Winkel in Frage gestellt.

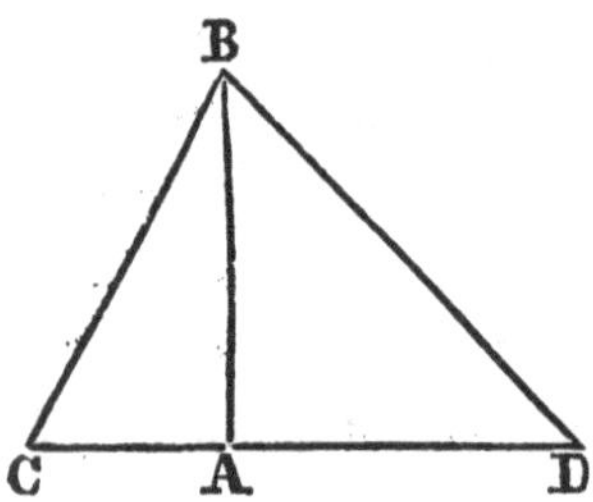

113. Im Dreieck BCD seien b, c, d, und D in Frage gestellt. Man fälle das Perpendikel BA, so hat man

$$d^2 = AB^2 + AC^2$$

oder

$$d^2 = c^2 \sin D^2 + (b - c \cdot \cos D)^2$$
$$= c^2 \sin D^2 + b^2 - 2bc \cdot \cos D + c^2 \cos D^2.$$

Da nun $\sin D^2 + \cos D^2 = 1$ (Form. 1), so hat man

$$(79)\quad d^2 = b^2 + c^2 - 2bc \cdot \cos D.$$

114. Man könnte diese Formel den erweiterten Pythagoräischen Lehrsatz nennen. Ist $D = 90^\circ$, so wird $\cos D = 0$, und

$$d^2 = b^2 + c^2$$

dieser Lehrsatz selbst. — Ist D stumpf, so wird $\cos D$ negativ, mithin das letzte Glied positiv. Man darf indeß nicht sagen, es sei nun $d^2 = b^2 + c^2 + 2bc \cdot \cos D$, ohne ausdrücklich zu bemerken, daß nun $\cos D$ absolut, d. h. positiv zu nehmen sei.

115. Aus Formel 79 folgt:

$$\cos D = \frac{b^2 + c^2 - d^2}{2bc} \quad (80).$$

Sie lehrt aus den 3 Seiten einen Winkel finden.

116. Um diese Gleichung zur logarithmischen Bearbeitung bequemer zu machen, addire man auf beiden Seiten 1, so wird

$$1 + \cos D = 1 + \frac{b^2 + c^2 - d^2}{2bc} = \frac{b^2 + 2bc + c^2 - d^2}{2bc}$$

$$2\cos\tfrac{1}{2}D^2 = \frac{(b+c)^2 - d^2}{2bc} = \frac{(b+c+d)(b+c-d)}{2bc} \quad (\text{F. } 22)$$

$$\cos\tfrac{1}{2}D = \sqrt{\left(\frac{(b+c+d)(b+c-d)}{4bc}\right)} \quad (81).$$

114. Subtrahirt man die Gleichung 80 auf beiden Seiten von 1, so erhält man

$$1 - \cos D = 1 - \frac{b^2 + c^2 - d^2}{2bc} = \frac{d^2 - (b^2 - 2bc + c^2)}{2bc}$$

$$2\sin\tfrac{1}{2}D^2 = \frac{d^2 - (b-c)^2}{2bc} = \frac{(d+b-c)(d-b+c)}{2bc}$$

$$\sin\tfrac{1}{2}D = \sqrt{\left(\frac{(b-c+d)(-b+c+d)}{4bc}\right)} \quad (82).$$

118. Aus den beiden letzten Gleichungen erhält man durch Division:

$$\operatorname{tang}\tfrac{1}{2}D = \sqrt{\left(\frac{(b-c+d)(-b+c+d)}{(b+c+d)(b+c-d)}\right)} \quad (83).$$

119. Da nach F. 17 $\sin D = 2\sin\tfrac{1}{2}D \,.\, \cos\tfrac{1}{2}D$, wenn man $D = 2x$, mithin $\tfrac{1}{2}D = x$ setzt, so ist noch durch Multiplication von F. 81 und 82 mit einander, und mit 2

$$\sin D = \frac{1}{2bc}\sqrt{[(b+c+d)(b+c-d)(b-c+d)(-b+c+d)]} \quad (84).$$

Die Gleichung gewährt den Vortheil, daß für alle drei Winkel die unterm Wurzelzeichen stehende Größe dieselbe ist.

120. Man kann die letzten 4 Gleichungen noch unter eine andere Form stellen, wenn man den Umfang des Dreiecks, d. h. $b+c+d=p$ setzt. Dann wird $b+c-d=p-2d$, $\frac{1}{2}(b+c-d) = \frac{1}{2}p-d$ etc. und man erhält

$$\cos\tfrac{1}{2}D = \sqrt{\left(\frac{\frac{1}{2}p\,(\frac{1}{2}p-d)}{bc}\right)}$$

$$\sin\tfrac{1}{2}D = \sqrt{\left(\frac{(\frac{1}{2}p-c)\,(\frac{1}{2}p-b)}{bc}\right)}$$

$$\tang\tfrac{1}{2}D = \sqrt{\left(\frac{(\frac{1}{2}p-c)\,(\frac{1}{2}p-b)}{\frac{1}{2}p\,(\frac{1}{2}p-d)}\right)}$$

$$\sin D = \frac{2}{bc}\sqrt{(\tfrac{1}{2}p\,(\tfrac{1}{2}p-d)\,(\tfrac{1}{2}p-c)\,(\tfrac{1}{2}p-b))}.$$

121. Aufg. 1. Die Gleichungen von F. 79 an für den Fall abzulesen, wenn statt des Winkels D der Winkel B oder C gesucht wird.

Aufg. 2. Es sei gegeben:

$b = 425;$	$\log b = 2{,}6283889$
$c = 378;$	$\log c = 2{,}5774918$
$d = 399;$	$\log d = 2{,}6009729$
$p = 1202$	
$\frac{1}{2}p = 601;$	$\log \frac{1}{2}p = 2{,}7788745$
$\frac{1}{2}p - b = 176;$	$\log(\frac{1}{2}p - b) = 2{,}2455127$
$\frac{1}{2}p - c = 223;$	$\log(\frac{1}{2}p - c) = 2{,}3483049$
$\frac{1}{2}p - d = 202;$	$\log(\frac{1}{2}p - d) = 2{,}3053514$
	$9{,}6780435$
	2)
	$\log \triangle = 4{,}8390217$
	$\log 2 = 0{,}3010300$
	$\log 2\triangle = 5{,}1400517$
	. . . . . .
	$\log bc = 5{,}2058807$
$D = 59^\circ\,14'\,38''$	$\log \sin D = 9{,}9341710$
	$\log bd = 5{,}2293618$
$C = 54^\circ\,30'\,2{,}5$	$\log \sin C = 9{,}9106899$
	$\log cd = 5{,}1784677$
$B = 66^\circ\,15'\,19{,}5$	$\log \sin B = 4{,}9615870$
180°	

Uebersicht.

122. Hiernach kann man nun die Sätze von der Bestimmung (Congruenz) der Dreiecke durchgehen, und zeigen, daß, und wie jedes fehlende Stück durch die übrigen ausgedrückt, und herbeigeschafft werden könne.

Sind zu einem Dreiecke die Winkel und eine Seite gegeben, so hat man die fehlenden beiden Seiten unmittelbar aus F. 75, und ist dieselbe eben so bequem zur Berechnung, wie zur Substitution, wenn man nämlich eins der gesuchten Stücke in einer Gleichung, durch die gegebenen allgemein ausgedrückt, setzen soll.

123. Sind 2 Seiten und der eingeschlossene Winkel zu einem Dreieck gegeben, so werden zuerst die beiden übrigen Winkel durch F. 77 für die Substitution, durch F. 78 bequemer für die Berechnung gefunden. — Die dritte Seite hat man aus F. 79 für die Substitution. Bei der Berechnung sucht man bequemer aus F. 78 die fehlenden Winkel, und mittelst ihrer aus F 75 die dritte Seite, — oder man bedient sich eines Hülfswinkels (cf. §. 158).

124. Sind die 3 Seiten gegeben, so hat man jeden der fehlenden Winkel aus F. 80 für die Substitution; für die Berechnung bedient man sich mit gleichem Vortheil einer der Formeln 81—84. Bei der letzten ist der gesuchte Winkel nur scheinbar zweideutig. Die beiden Winkel, welche den kleinern Seiten gegenüberliegen, sind nothwendig spitz. Berechnet man diese zuerst, so hat man den dritten durch Subtraction von 180° (§. 121). Das Dreieck wird unmöglich, wenn einer der Factoren unterm Wurzelzeichen (wie b+c—d) negativ, d. h. eine Seite größer ist, als die beiden übrigen zusammengenommen.

125. Sind 2 Seiten und der der Einen gegenüberliegende Winkel gegeben, so findet man den der andern gegenüberliegenden durch F. 76, den dritten Winkel durch Subtraction der beiden nun bekannten von 180°, und da man nun alle 3 Winkel kennt, so findet sich die dritte Seite aus F. 75. Ist das Dreieck zweideutig, so ergeben sich die zusammengehörigen Werthe des dritten Winkels und der dritten Seite von selbst, je nachdem man für den Sinus des zuerst gesuchten den spitzen oder den stumpfen Winkel gewählt hat.

126. Soll die dritte Seite, etwa zum Behufe einer Substitution, (§. 122) aus den Datis unmittelbar ausgedrückt werden, so hat man aus F. 79, wenn b gesucht wird, und c, d, D gegeben sind:

$$b^2 - 2bc.\cos D = d^2 - c^2,$$

woraus durch Auflösung der quadratischen Gleichung

$$b = c.\cos D \pm \sqrt{(d^2 - c^2 + c^2 \cos D^2)} \quad c.\cos D \pm \sqrt{(d^2 - c^2 \sin D^2)}$$

gefunden wird. Hier ist b nur dann wirklich zweideutig, wenn es 2 verschiedene positive Werthe erhält, indem ein negativer Werth es in ein anderes Dreieck versetzt, welches nicht zu den Datis gehört.

127. Es ist aber zuerst

b unmöglich, wenn der Ausdruck unterm Wurzelzeichen negativ wird, mithin $c^2 \sin D^2 > d^2$ oder $c.\sin D > d$ oder $\sin D > \frac{d}{c}$;

b erhält nur Einen positiven Werth, wenn der Wurzelausdruck entweder 0 oder größer als $c.\cos D$ ist. Im ersten Falle ist $d^2 = c^2 \sin D^2$, mithin $d = c \sin D$ und das Dreieck rechtwinklig. Im andern Falle muß $c.\cos D < \sqrt{(d^2 - c^2 + c^2 \cos D^2)}$ oder $c^2 \cos D^2 < d^2 - c^2 + c^2 \cos D^2$, d. h. $0 < d^2 - c^2$ oder $c < d$ sein, mithin der gegebene Winkel der größern Seite gegenüberliegen.

b erhält dagegen 2 positive Werthe, wenn keiner dieser Fälle statt findet. (Vergleiche §. 104.)

Man kann alle hier zur Auflösung der Dreiecke aufgestellten Gleichungen, ohne Zuhülfnahme einer Figur, aus einer einzigen analytisch herleiten. Wählen wir zu dieser Ableitung die in §. 101 mit ⊙ bezeichnete Proportion, welche die Gleichungen 74 — 76 in sich schließt, so erhält man

$$c + d : c - d = \sin C + \sin D : \sin C - \sin D$$

und aus F. 35 und 36 .... $= \text{tang}\,\tfrac{1}{2}(C + D) : \text{tang}\,\tfrac{1}{2}(C - D)$.

Dies ist F. 78. Man hat ferner aus derselben Proportion:

$$c.\sin D = d.\sin C = d.\sin(B + D)$$
$$= d.\sin B.\cos D + d \cos B.\sin D$$
$$c \sin D - d \cos B.\sin D = d \sin B.\cos D \quad (A).$$

Dividirt man die Gleichung mit cos D, so wird

$$c \,\text{tang}\, D - d \cos B.\text{tang}\, D = d \sin B$$

nur

$$\tan g D = \frac{d.\sin B}{c - d.\cos B}, \text{ (F. 77).}$$

Setzt man in der mit A bezeichneten Gleichung $b \sin D$ für $d.\sin B$ aus F. 74, so läßt sie sich mit $\sin D$ dividiren, und man erhält:

$$c - d \cos B = b \cos D, \text{ woraus}$$

$$c^2 - 2cd \cos B + d^2 \cos B^2 = b^2 \cos D^2, \text{ Hierzu addirt}$$

$$d^2 \sin B^2 = b^2 \sin D^2 \text{ giebt}$$

$$c^2 - 2cd.\cos B + d^2 = b^2 \text{ (F. 79)}$$

weil $\sin x^2 + \cos x^2 = 1$ nach F. 1. — Aus diesen Formeln sind die übrigen im Texte schon analytisch hergeleitet.

Der Flächeninhalt, aus den Bestimmungsstücken eines Dreiecks.

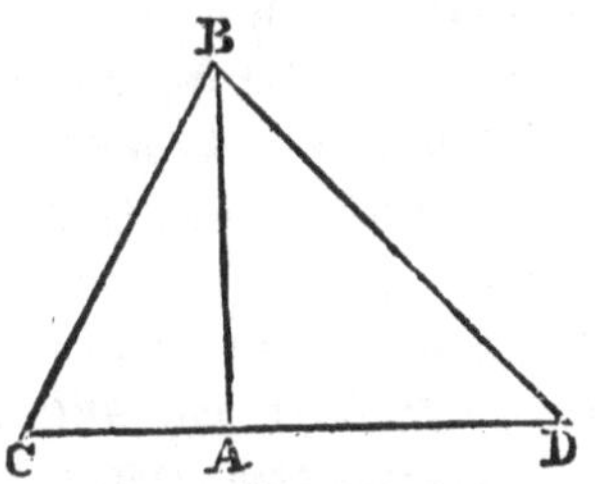

128. Aus der Geometrie ist bekannt, daß der Flächeninhalt eines Dreiecks das halbe Product seiner Basis und Höhe, oder, da jede Seite die Basis sein kann, das halbe Product einer Seite in das aus der Spitze des gegenüberstehenden Winkels auf dieselbe gefällte Perpendikel ist. Bezeichnet man nun den Flächeninhalt mit $\triangle$, so ist

$$\triangle = \tfrac{1}{2} CD.AB = \tfrac{1}{2} b.AB, \text{ d. h.}$$

$$\triangle = \tfrac{1}{2} bc.\sin D \quad \text{§. 101.} \quad (85)$$

Die Gleichung lehrt aus 2 Seiten und dem eingeschlossenen Winkel den Flächeninhalt finden.

129. Setzt man für $\sin D$ seinen Werth aus F. 84, so erhält man

$$\triangle = \tfrac{1}{4}\sqrt{[(b+c+d)(b+c-d)(b-c+d)(-b+c+d)]} \quad (86)$$

$$= \sqrt{[(\tfrac{1}{2}p(\tfrac{1}{2}p-d)(\tfrac{1}{2}p-c)(\tfrac{1}{2}p-b)]}$$

wenn p, wie in §. 120 den Umfang des Dreiecks bezeichnet. Die Gleichung lehrt aus den 3 Seiten den Flächeninhalt finden. Sie enthält keine trigonometrische Function, und gehört daher eigentlich in die Elementargeometrie.

Vergleicht man die zweite Form für △ mit dem Werthe von sin D in 120, so sieht man, daß der Wurzelausdruck in jener der Flächeninhalt des Dreiecks ist. Als solcher ist er auf §. 121 Aufg. 2. bezeichnet.

130. Setzt man in F. 85. — $\triangle = \frac{1}{2} bc . \sin D$ für $c = b \frac{\sin C}{\sin B}$, so erhält man:

$$(87) \quad \triangle = \frac{\frac{1}{2} b^2 \sin C . \sin D}{\sin B},$$

wo man statt eines beliebigen Winkels die Summe der beiden übrigen setzen kann. Die Formel lehrt, aus einer Seite, und den Winkeln den Flächeninhalt des Dreiecks finden.

131. Um aus 2 Seiten und einem der nicht eingeschlossenen Winkel (c, d, D) den Flächeninhalt des Dreiecks zu finden, kann man zuerst nach F. 76 einen andern Winkel (C) suchen, und hat dann durch F. 85 und 87 den gesuchten Flächeninhalt. Je nachdem man für C den spitzen oder stumpfen Winkel wählt, erhält man den Inhalt des größern oder des kleineren der beiden bedingten Dreiecke, falls hier eine Zweideutigkeit statt finden kann (§. 105, 126).

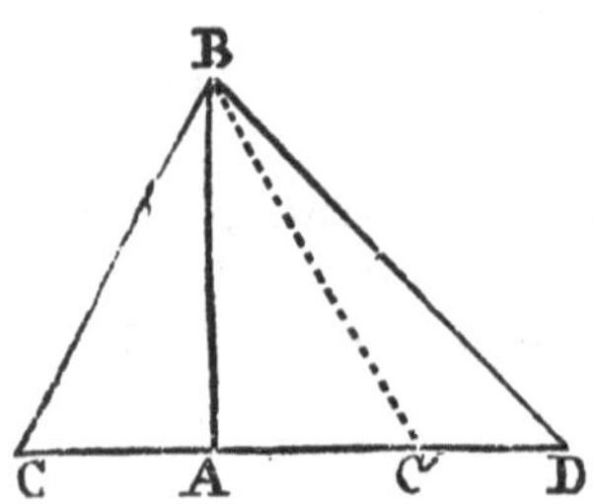

132. Auch kann man im Falle einer Zweideutigkeit, das Perpendikel BA fällen, und die beiden rechtwinkligen Dreiecke BAD und ABC = ABC′ berechnen. Man erhält so

$$\triangle = ABD \pm ABC$$
$$= \tfrac{1}{2} AB . AD \pm \tfrac{1}{2} AB . AC$$
$$= \tfrac{1}{2} c . \sin D . c . \cos D$$
$$\pm \tfrac{1}{2} d . \sin C . d . \cos C$$

woraus, da $\sin D . \cos D = \frac{1}{2} \sin 2D$ (F. 17),

$$(88) \quad \triangle = \tfrac{1}{4} c^2 \sin 2D \pm \tfrac{1}{4} d^2 \sin 2C.$$

Hat man also C gefunden, so ergeben sich nun die beiden Werthe für △. Hierbei hat man C allemal spitz zu nehmen, da der zweite Fall durch das Zeichen des 2ten Gliedes schon berücksichtigt ist.

Hiernach kann man sich die Formeln für den Flächeninhalt des gleichschenkligen und rechtwinkligen Dreiecks leicht selbst entwickeln.

Den Halbmesser eines in oder um ein Dreieck beschriebenen Kreises zu finden.

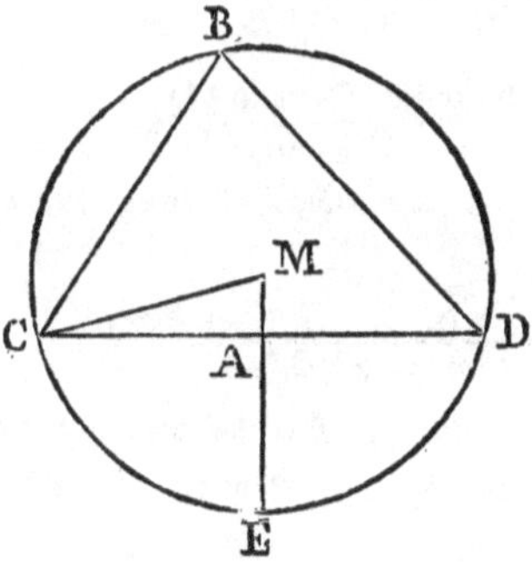

133. Es sei MC = r der Halbmesser des um das Dreieck beschriebenen Kreises. Aus dem Mittelpuncte ziehe man MAE auf CD senkrecht, welche die Sehne und den Bogen halbirt, wodurch CMA = B wird. Im Dreieck CMA hat man also

$$MC = \frac{AC}{\sin CMA},$$

d. h. $r = \frac{\frac{1}{2}b}{\sin B} = \frac{b}{2\sin B}$ (89).

Die Größe des Halbmessers ist also von einer einzigen Seite und ihrem Gegenwinkel abhängig, und der Durchmesser des um das Dreieck beschriebenen Kreises ist die beständige Größe, auf welche oben (§. 102) hingedeutet wurde.

134. Ist kein Winkel des Dreiecks bekannt, so findet man den Halbmesser aus den Seiten, indem man für sin B seinen Werth aus F. 84 substituirt.

$$r = \frac{bcd}{\sqrt{[(b+c+d)(b+c-d)(b-c+d)(-b+c+d)]}}$$

$$= \frac{bcd}{4\sqrt{[\frac{1}{2}p(\frac{1}{2}p-d)(\frac{1}{2}p-c)(\frac{1}{2}p-b)]}} \quad (90).$$

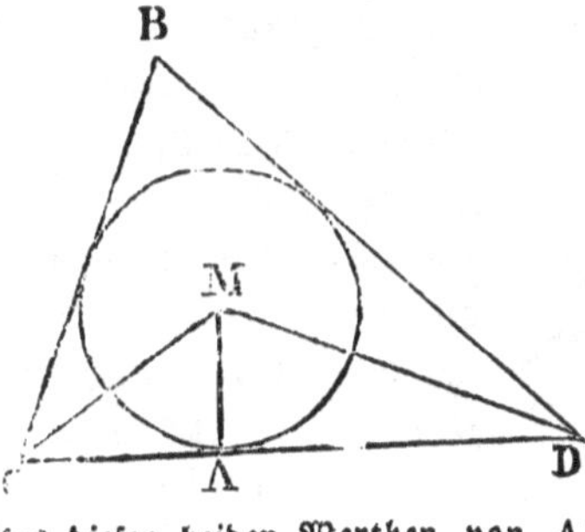

135. Der Halbmesser des in das Dreieck eingeschriebenen Kreises sei MA = ϱ. Man ziehe MC, MD, welche die Winkel bei C und bei D halbiren, so hat man in den rechtwinkligen Dreiecken AMC und AMD

$$AM = AC \cdot \tan\tfrac{1}{2}C$$
$$= AD \cdot \tan\tfrac{1}{2}D.$$

Aus diesen beiden Werthen von AM läßt sich zunächst AC bestimmen, indem man AD durch b — AC ausdrückt. Man erhält:

$$AC.\operatorname{tang}\tfrac{1}{2}C = (b - AC)\operatorname{tang}\tfrac{1}{2}D$$

woraus

$$AC = \frac{b.\operatorname{tang}\frac{1}{2}D}{\operatorname{tang}\frac{1}{2}C + \operatorname{tang}\frac{1}{2}D}$$

mithin

$$AM = AC.\operatorname{tang}\tfrac{1}{2}C = \frac{b.\operatorname{tang}\frac{1}{2}C.\operatorname{tang}\frac{1}{2}D}{\operatorname{tang}\frac{1}{2}C + \operatorname{tang}\frac{1}{2}D}.$$

Dividirt man im Zähler und Nenner mit $\operatorname{tang}\frac{1}{2}C.\operatorname{tang}\frac{1}{2}D$, und setzt ϱ für AM, so wird:

$$(91) \quad \varrho = \frac{b}{\operatorname{cotg}\frac{1}{2}D + \operatorname{cotg}\frac{1}{2}C}.$$

136. Um die Formel zur logarithmischen Bearbeitung bequemer zu machen, substituire man für das Aggregat im Nenner seinen Werth aus F. 42, so wird

$$(92) \quad \varrho = \frac{b.\sin\frac{1}{2}C.\sin\frac{1}{2}D}{\sin\frac{1}{2}(C+D)} = \frac{b.\sin\frac{1}{2}C.\sin\frac{1}{2}D}{\cos\frac{1}{2}B}.$$

Gleichungen zwischen Summe und Unterschied zweier Seiten eines Dreiecks, und Summe und Unterschied der ihnen gegenüberliegenden Winkel, imgleichen der Höhenabschnitte auf der dritten Seite.

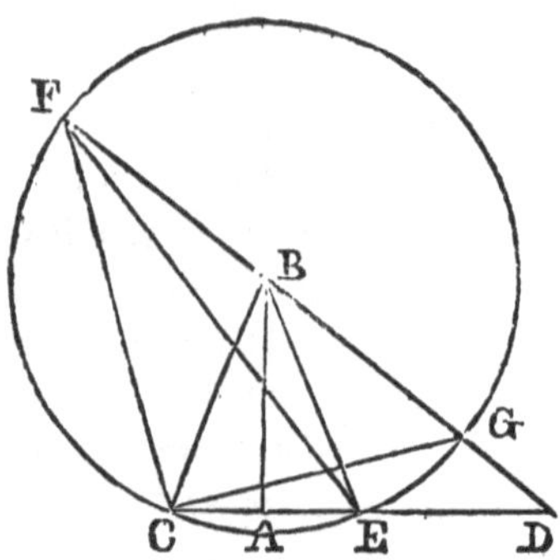

137. Zieht man im Dreieck BCD das Loth BA auf CD, nimmt AE = AC (wodurch $\triangle$ ABE $\cong$ ABC wird) und zieht BE, so ist im Dreieck BCD:

$$CD : \sin B = BD : \sin C.$$

Im Dreieck BED:

$$DE : \sin EBD = BD : \sin BED.$$

Da nun die Sinus zweier Nebenwinkel (BED und BEC = C) gleich sind, so erhält man:

$$CD : DE = \sin(C+D) : \sin EBD$$

oder, da EBD = BEC − D = C − D,

$$(93) \quad b : DE = \sin(C+D) : \sin(C-D).$$

136. Schlägt man mit der kleinern Seite des Dreiecks aus B einen Kreis, verlängert DB bis an denselben in F, und zieht CF und CG, so ist im Dreieck CDF:

$$CD : DF = \sin CFD : \sin DCF.$$

Es ist aber, als Winkel an der Peripherie, $CFD = \frac{1}{2}B = 90^\circ - \frac{1}{2}(C+D)$ und $DCF = FCG + DCG = 90^\circ + \frac{1}{2}EBD = 90^\circ + \frac{1}{2}(C-D)$, mithin

$$b : (c+d) = \cos\tfrac{1}{2}(C+D) : \cos\tfrac{1}{2}(C-D) \quad (94)$$

139. Im Dreieck CGD erhält man aus

$$CD : DG = \sin CGD : \sin DCG.$$

Es ist aber $\sin CGD = \sin CGB = \sin\frac{1}{2}CBF = \sin\frac{1}{2}(C+D)$, $DCG = \frac{1}{2}(C-D)$, und $DG = DB - BC = c - d$, mithin

$$b : (c-d) = \sin\tfrac{1}{2}(C+D) : \sin\tfrac{1}{2}(C-D) \quad (95)$$

140. Aus der Aehnlichkeit der Dreiecke CDG und FDE, oder unmittelbar aus einem bekannten geometrischen Lehrsatze folgt:

$$DC : DF = DG : DE$$

oder

$$b : (c+d) = (c-d) : DE$$

oder

$$b : c-d = c+d : DE,$$

wo DE den Unterschied der Höhenabschnitte auf der Basis bezeichnet. Hiernach hat man aus F. 94 und 95 unmittelbar:

$$c+d : DE = \sin\tfrac{1}{2}(C+D) : \sin\tfrac{1}{2}(C-D) \quad (96)$$

$$c-d : DE = \cos\tfrac{1}{2}(C+D) : \cos\tfrac{1}{2}(C-D) \quad (97)$$

141. Dividirt man F. 96 durch 97, so erhält man:

$$c+d : c-d = \tang\tfrac{1}{2}(C+D) : \tang\tfrac{1}{2}(C-D),$$

welches wieder F. 78 ist.

Einige Aufgaben über Dreiecke zu suchen, welche mit Hülfe der letzten 5 Gleichungen gelöset werden können.

Gebrauch der trigonometrischen Functionen und Tafeln zur Auflösung von Gleichungen.

142. Die trig. Functionen lassen sich nicht bloß zur Auflösung der Dreiecke und Figuren überhaupt anwenden, sondern können in sehr vielen Fällen zur Auflösung mathematischer Aufgaben aller Art angewandt werden. Es ist durch dieselben der Zusammenhang gewisser Reihen von Größen gegeben, und diese selbst sind für alle möglichen Werthe

ihrer Elemente berechnet. Ueberall wo nun ein ähnlicher Zusammenhang vorkommt, können die Tafeln zur Abkürzung der Berechnung angewandt werden.

Gleichungen des ersten Grades.

143. Wenn die in einer Gleichung vorkommenden bekannten Größen durch ihre Logarithmen gegeben sind, so lassen sich die trig. Formeln und Functionen fast immer mit Vortheil anwenden, um die beschwerlichen Rechnungen, welche erforderlich sind, um den Logarithmus eines Aggregats zu finden, abzukürzen. Man sucht sie alsdann auf eine Form zu bringen, welche mit bekannten trig. Formeln übereinkommt, und durch Einführung eines Hülfswinkels, der aus den gegebenen Größen bestimmt werden kann, einen einfachen Ausdruck gestattet.

144. Es sei z. B. der Logarithmus der Summe zweier durch ihre Logarithmen gegebenen Größen zu finden; also $\log x$, wenn $x = a + b$. Man setze die Gleichung unter die Form:

$$x = a\left(1 + \frac{b}{a}\right) \quad \text{und nehme} \quad \text{I, } \tan\varphi = \sqrt{\left(\frac{b}{a}\right)}$$

so wird: $x = a(1 + \tan\varphi^2) = a \cdot \sec\varphi^2$, mithin $\quad$ II, $x = \dfrac{a}{\cos\varphi^2}$ (F. 2, 6).

145. Ist $x = a - b = a\left(1 - \frac{b}{a}\right)$, so ist eine solche Formel zu wählen, mittelst deren $1 - \frac{b}{a}$ in einen einfachen Factor verwandelt wird. Von der Art ist z. B. $\sin\varphi^2 = 1 - \cos\varphi^2$. Man setze also

$$\cos\varphi^2 = \frac{b}{a} \quad \text{und erhält } \varphi \text{ durch} \quad \text{I, } \cos\varphi = \sqrt{\left(\frac{b}{a}\right)}.$$

Es wird nun $x = a(1 - \cos\varphi^2)$ oder $\quad$ II, $x = a \cdot \sin\varphi^2$.

Sollte b größer als a sein, so setze man $-x = b\left(1 - \frac{a}{b}\right)$ etc.

146. Ist $x = \sqrt{(a + b)} = \sqrt{\left[a\left(1 + \frac{b}{a}\right)\right]} = \sqrt{a}\sqrt{\left(1 + \frac{b}{a}\right)}$, so ist klar, daß man damit auf die Form $1 + \text{funct.}\,\varphi^2$ zu kommen suchen muß, sofern dieselbe einen einfachen Ausdruck gestattet. Hierzu dient wieder F. 2. Setzt man $\frac{b}{a} = \tan\varphi^2$, so erhält man $\sqrt{\left(1 + \frac{b}{a}\right)}$

$= \sqrt{(1+\tang\varphi^2)} = \sec\varphi = \frac{1}{\cos\varphi}$, und die Auflösung geschieht durch die Gleichungen:

$$\text{I, } \tang\varphi = \frac{\sqrt{b}}{\sqrt{a}} \quad \text{und} \quad \text{II, } x = \frac{\sqrt{a}}{\cos\varphi}.$$

In $x = \sqrt{(a-b)}$ würde man $\frac{b}{a} = \cos\varphi^2$ setzen, und erhalten:

$$\text{I, } \cos\varphi = \frac{\sqrt{b}}{\sqrt{a}} \quad \text{und} \quad \text{II, } x = \sin\varphi \cdot \sqrt{a}.$$

147. Es sei

$$x = \sqrt{\left(\frac{a-b}{a+b}\right)} = \sqrt{\left(\frac{1-\frac{b}{a}}{1+\frac{b}{a}}\right)}.$$

Setzt man $\frac{b}{a} = \cos\varphi$, so wird

$$x = \sqrt{\left(\frac{1-\cos\varphi}{1+\cos\varphi}\right)} = \tang\tfrac{1}{2}\varphi \quad (\text{F. } 23).$$

Die Gleichungen der Auflösung sind also:

$$\text{I, } \cos\varphi = \frac{b}{a}; \qquad \text{II, } x = \tang\tfrac{1}{2}\varphi.$$

148. Ist $x = \frac{a-b}{a+b} = \frac{1-\frac{b}{a}}{1+\frac{b}{a}}$, so setze man $\frac{b}{a} = \tang\varphi^2$, und erhält

$$x = \frac{1-\tang\varphi^2}{1+\tang\varphi^2} = \frac{1-\frac{\sin\varphi^2}{\cos\varphi^2}}{1+\frac{\sin\varphi^2}{\cos\varphi^2}} = \frac{\cos\varphi^2 - \sin\varphi^2}{\cos\varphi^2 + \sin\varphi^2};$$

mithin (F. 18 und 1) $x = \cos 2\varphi$. — Hätte man $\frac{b}{a} = \tang\varphi$ gesetzt, so hätte man erhalten $x = \frac{1-\tang\varphi}{1+\tang\varphi} = \tang(45^\circ - \varphi)$. — So auch in andern Fällen.

Gleichungen des zweiten Grades.

149. Zur numerischen Berechnung der Gleichungen des 2ten Grades sind die trig. Funct. ganz besonders brauchbar. Die beiden Hauptformen der gemischten quadratischen Gleichung sind

$$x^2 + px = \pm q.$$

Das Zeichen von p hat auf den Gang der Rechnung keinen Einfluß.

150. Es sei nun zuerst $x^2 + px = +q$. Durch Auflösung derselben erhält man

$$x = -\tfrac{1}{2}p \pm \tfrac{1}{2}p\sqrt{\left(1+\frac{4q}{p^2}\right)} = \tfrac{1}{2}p\left[-1 \pm \sqrt{\left(1+\frac{4q}{p^2}\right)}\right].$$

Man setze $\frac{4q}{p^2} = \operatorname{tang}\varphi^2$, so wird zunächst: I, $\operatorname{tang}\varphi = \frac{2\sqrt{q}}{p}$, also

$$x = \tfrac{1}{2}p[-1 \pm \sqrt{(1+\operatorname{tang}\varphi^2)}] = \tfrac{1}{2}p(-1 \pm \sec\varphi) \quad (\text{F. } 2)$$

$$= \tfrac{1}{2}p\left(-1 \pm \frac{1}{\cos\varphi}\right) = \tfrac{1}{2}p\,\frac{-\cos\varphi \pm 1}{\cos\varphi} \quad (\text{F. } 6).$$

Ferner ist aus I, $\tfrac{1}{2}p = \frac{\sqrt{q}}{\operatorname{tang}\varphi}$, woraus sich ergiebt

$$x = \frac{\sqrt{q}}{\operatorname{tang}\varphi}\cdot\frac{-\cos\varphi \pm 1}{\cos\varphi} = \frac{\sqrt{q}\cdot\cos\varphi}{\sin\varphi}\cdot\frac{-\cos\varphi \pm 1}{\cos\varphi} \quad (\text{F. } 6)$$

mithin

$$x = \frac{\sqrt{q}(-\cos\varphi \pm 1)}{\sin\varphi}.$$

151. Dies sind die beiden Werthe der gesuchten Wurzel, x_1, x_2. Macht man von dem obern Zeichen Gebrauch, so erhält man:

$$x_1 = \frac{\sqrt{q}(1-\cos\varphi)}{\sin\varphi} = \frac{\sqrt{q}\cdot 2\sin\frac{1}{2}\varphi^2}{2\sin\frac{1}{2}\varphi\cdot\cos\frac{1}{2}\varphi} \quad (\text{F. } 21,\ 17)$$

mithin

$$\text{II,} \quad x_1 = \sqrt{q}\cdot\operatorname{tang}\tfrac{1}{2}\varphi \quad (\text{F. } 7).$$

Macht man dagegen von dem untern Zeichen Gebrauch, so wird:

$$x_2 = -\frac{\sqrt{q}\cdot(1+\cos\varphi)}{\sin\varphi} = -\frac{\sqrt{q}\cdot 2\cos\frac{1}{2}\varphi^2}{2\sin\frac{1}{2}\varphi\cdot\cos\frac{1}{2}\varphi} \quad (\text{F. } 22,\ 17)$$

mithin

$$\text{III,} \quad x_2 = -\frac{\sqrt{q}}{\operatorname{tang}\frac{1}{2}\varphi}.$$

Die mit römischen Ziffern bezeichneten Gleichungen sind diejenigen, von denen man bei der Rechnung Gebrauch macht.

Beispiel. Es sei

$$x_2 + 5x = 10 \quad \text{mithin} \quad p = 5; \quad q = 10.$$

	$\log\frac{2}{5} = 9{,}6020600$
	$\log\sqrt{q} = 0{,}5000000$
$\varphi = 51^\circ\,40'\,16'',2$	$\log\operatorname{tang}\varphi = 0{,}1020600$
$\tfrac{1}{2}\varphi = 25^\circ\,50'\,8'',1$	$\log\operatorname{tang}\tfrac{1}{2}\varphi = 9{,}6850116$
$x_1 = +1{,}531128$	$\log x_1 = 0{,}1850116$
$x_2 = -6{,}531131.$	$\log x_2 = 0{,}8149884\,.\,n.$

Hier erscheint ein Fehler von einigen Einheiten auf der 6ten Decimalstelle.

152. Es sei ferner $x^2 + px = -q$. Durch Auflösung erhält man

$$x = -\tfrac{1}{2}p\left[1 \mp \sqrt{\left(1 - \frac{4q}{p^2}\right)}\right].$$

Man setze hier $\frac{4q}{p^2} = \sin\varphi^2$ und erhält so für I, $\sin\varphi = \frac{2\sqrt{q}}{p}$, woraus $\tfrac{1}{2}p = \frac{\sqrt{q}}{\sin\varphi}$, und wenn man diese Werthe substituirt

$$x = -\frac{\sqrt{q}}{\sin\varphi}[1 \mp \sqrt{(1 - \sin\varphi^2)}] = -\frac{\sqrt{q}}{\sin\varphi}(1 \pm \cos\varphi).$$

Je nachdem man hier das obere oder untere Zeichen behält,

$$x_1 = -\frac{\sqrt{q}}{\sin\varphi}(1 - \cos\varphi) = -\frac{\sqrt{q}\,.\,2\sin\frac{1}{2}\varphi^2}{2\sin\frac{1}{2}\varphi\,.\cos\frac{1}{2}\varphi},$$

d. h. II, $x_1 = -\sqrt{q}\,.\,\mathrm{tang}\tfrac{1}{2}\varphi$,

$$x_2 = -\frac{\sqrt{q}}{\sin\varphi}(1 + \cos\varphi) = -\frac{\sqrt{q}\,.\,2\cos\frac{1}{2}\varphi^2}{\sin 2\frac{1}{2}\varphi\,.\cos\frac{1}{2}\varphi},$$

d. h. III, $x_2 = -\frac{\sqrt{q}}{\mathrm{tang}\frac{1}{2}\varphi}$.

Ist der Coefficient des 2ten Gliedes negativ, so ändert dies nicht die absolute Größe der Wurzel, sondern nur das Zeichen derselben, hat aber auf den Gang der Rechnung keinen Einfluß.

Gebrauch der Hülfswinkel zur Vereinfachung trigonometrischer Rechnungen.

153. Es ist zunächst klar, daß man bei trigonometrischen Rechnungen einen Hülfswinkel eben so gebrauchen kann, wie bei der Berechnung algebraischer Aufgaben. So wird z. B., wenn in F. 78 b und d durch ihre Logarithmen gegeben wären, durch Anwendung von §. 148, wenn man $\frac{d}{b} = \mathrm{tang}\,\varphi$ setzt,

$$\mathrm{tang}\tfrac{1}{2}(B - D) = \mathrm{tang}(45^\circ - \varphi)\,\mathrm{tang}\tfrac{1}{2}(B + D)$$

und so in andern Fällen.

154. Sehr häufig kann man hierbei aber auch auf die eigenthümliche Beschaffenheit der trigonometrischen Gleichungen, insbesondere derjenigen, wodurch Aggregate in Producte, oder in einfache Größen verwandelt werden, Rücksicht nehmen. Zu diesen trig. Gleichungen gehören z. B. F. 11 bis 24. — Dieser Fall tritt insbeson-

dere dann ein, wenn entweder ein gegebener, oder der gesuchte Winkel in der Formel unter verschiedenen Functionalformen vorkommt.

155. Es sei z. B. $p = \cos\alpha \pm a . \sin\alpha$. Man setze $\tang\varphi = a = \frac{\sin\varphi}{\cos\varphi}$, so wird $p = \frac{\cos\alpha . \cos\varphi \pm \sin\alpha . \sin\varphi}{\cos\varphi}$, d. h. es wird $p = \frac{\cos(\alpha \mp \varphi)}{\cos\varphi}$. — Hätte $\cos\alpha$ den Coefficienten gehabt, so würde man, wenn man ihn $= \cot\varphi$ setzte, zu der Endgleichung $p = \frac{\cos(\alpha \mp \varphi)}{\sin\varphi}$ gelangen. — Haben beide Glieder Coefficienten, also

$$p = a . \cos\alpha \pm b . \sin\alpha,$$

so kömmt man durch die Form

$$p = a\left(\cos\alpha \pm \frac{b}{a}\sin\alpha\right)$$

zu einer der ersten analogen Auflösung. Ist endlich

$$p = b . \sin\alpha - a . \cos\alpha = a\left(\frac{b}{a}\sin\alpha - \cos\alpha\right),$$

wo das Glied, welches $\cos\alpha$ enthält, subtractiv ist, so kann man $\frac{b}{a} = \tang\varphi$ setzen, und erhält

$$p = -\frac{a(\cos\alpha . \cos\varphi - \sin\alpha . \sin\varphi)}{\cos\varphi} = -\frac{a . \cos(\alpha + \varphi)}{\cos\varphi}.$$

156. Wird α gesucht, und ist p gegeben, so hat man im ersten Falle des vorigen § $\cos(\alpha \mp \varphi) = p . \cos\varphi$, im 2ten $\cos(\alpha \mp \varphi) = p . \sin\varphi$, im 3ten $\cos(\alpha \mp \varphi) = \frac{p}{a}\cos\varphi$, wobei der Unterschied $\alpha - \varphi$ absolut zu nehmen ist. Im 4ten Falle wird $\cos(\alpha + \varphi) = -\frac{p}{a}\cos\varphi$. In allen diesen Fällen wird dann α aus $\alpha \pm \varphi$ leicht gefunden.

157. Um F. 77, $\tang D = \frac{d . \sin C}{b - d . \cos C}$, wo D gesucht wird, durch Einführung eines Hülfswinkels zur Berechnung bequemer zu machen, stelle man sie unter die Form $\tang D = \frac{d . \sin C}{b\left(1 - \frac{d}{b}\cos C\right)}$ und setze $\frac{d}{b}\cos C = \sin\varphi^2$; wodurch $\tang D = \frac{d . \sin C}{b(1 - \sin\varphi^2)} = \frac{d . \sin C}{b . \cos\varphi^2}$ wird. Die Berechnung geschieht daher durch die beiden Gleichungen

$$\text{I, } \sin\varphi = \sqrt{\left(\frac{d.\cos C}{b}\right)}, \quad \text{und II, } \tan D = \frac{d.\sin C}{b:\cos\varphi^2}.$$

158. Auch Formel 79 ist zur logarithmischen Berechnung sehr unbequem. Um sie dazu geschickter zu machen, setze man sie unter die Form

$$\begin{aligned} d^2 &= b^2 - 2bc + c^2 + 2bc - 2bc.\cos D \\ &= (b-c)^2 + 2bc(1-\cos D) = (b-c)^2 + 2bc.2\sin\tfrac{1}{2}D^2. \\ &= (b-c)^2\left(1 + \frac{4bc.\sin\frac{1}{2}D^2}{(b-c)^2}\right). \end{aligned}$$

Setzt man nun hier $\frac{4bc.\sin\frac{1}{2}D^2}{(b-c)^2} = \tan\varphi^2$, so erhält man

$$d^2 = (b-c)^2(1 + \tan\varphi^2) = (b-c)^2\sec\varphi^2 = \frac{(b-c)^2}{\cos\varphi^2}$$

$$\text{und } d = \frac{b-c}{\cos\varphi} \text{ wo } \tan\varphi = \frac{2\sin\frac{1}{2}D}{b-c}\sqrt{(bc)}.$$

Sphärische Trigonometrie.

Begriff der sphärischen Trigonometrie.

159. Der Begriff, welcher oben (1—5) von der Trigonometrie überhaupt gegeben wurde, bezieht sich eben sowohl auf die sphärische, als auf die ebene Trigonometrie. Es sind zwar zunächst nicht Länge und Richtung, sondern ebene und Neigungswinkel, welche hier für die Rechnung in Verbindung treten sollen, allein es sind doch auch hier die Coordinatenverhältnisse, mittelst deren diese Verbindung bewirkt wird.

160. Die sphärische Trigonometrie unterscheidet sich aber dadurch wesentlich von der ebenen, daß sie sich auf räumliche, aus der Ebene heraustretende Constructionen bezieht. Während in jener zwei auf einander senkrechte Coordinaten zur Bestimmung der Lage einer Linie oder eines Punctes hinreichend waren, sind hier deren drei, nach der Zahl der Dimensionen des Raumes, erforderlich. Die sphärische Trigonometrie steht daher in einem ähnlichen Verhältnisse zur Stereometrie, wie die ebene zur Planimetrie.

Gegenstand derselben.

161. Derjenige Gegenstand, an welchen sich die sphärische Trigonometrie zuerst wendet, und womit sie sich hauptsächlich

beschäftigt, ist der körperliche Winkel, oder die Ecke, und zwar zunächst die dreiseitige. Denn so wie sich alle ebene Figuren in Dreiecke zerlegen lassen, so lassen sich alle mehrseitige körperliche Winkel durch hindurchgelegte Ebenen in dreiseitige zerfällen. Man hat es nun am anschaulichsten und bequemsten gefunden, diesen körperlichen Winkel auf der Kugeloberfläche zu betrachten. Denkt man sich denselben nämlich mit seiner Spitze an den Mittelpunct der Kugel gebracht, so wird der Durchschnitt seiner Winkelflächen mit der Kugeloberfläche auf der letztern eine Figur beschreiben, deren Betrachtung zugleich eine Betrachtung des körperlichen Winkels selbst ist, dessen Elemente sie klar und übersichtlich geordnet vor Augen legt. Wenn nun auch das Verhältniß, in welchem das Auge sich gegen den Himmel befindet, zu dieser Betrachtungsweise die erste Veranlassung gegeben haben mag, so hat man sie doch als die beste stets beibehalten.

162. Auf der Kugeloberfläche kann man auf eine analoge Weise construiren, wie in der Ebene, und so der ebenen Geometrie eine sphärische Geometrie zur Seite stellen, welche in neuern Zeiten unter dem Namen der Sphärik fleißig bearbeitet ist, und eine Reihe von Sätzen entwickelt, welche eine unverkennbare Analogie mit denen der Planimetrie haben, und mit gleicher Evidenz dargelegt werden können *). Da es hier aber nur die Absicht ist, eine kurze Uebersicht der sphärischen Trigonometrie zu geben, so werden die für dieselbe erforderlichen Sätze der Sphärik nur als Lehnsätze betrachtet werden können, denen sich indeß, bei der allseitigen Gleichheit der Kugeloberfläche, auch ohne ausführliche Entwickelung, ein

*) Pohl in seiner Geometrie und Trigonometrie auf der Sphäre, Berlin 1819, hat hier die Bahn gebrochen. Vergl. auch Sphärik von Schulz, Leipzig 1828, und v. Forstner, Berlin 1827.

den mathematischen Sinn hinreichend befriedigender Grad der Sicherheit geben läßt. Die Lehre von der Lage der Ebenen und Linien gegen dieselben muß aus der Stereometrie als bekannt vorausgesetzt werden.

Ueber das Positive und Negative.

163. In der ebenen Trigonometrie haben wir (§. 59 – 66) gesehen, wie man, in Beziehung auf einen gewissen Gang der Construction, und einen darin angenommenen positiven Sinn derselben, einen Abschnitt einer gr. L. und einen Winkel als positiv oder als negativ ansehen kann. Wir müssen diese Betrachtung hier bis zur körperlichen Ecke ausdehnen. Der Winkel läßt sich nicht weiter gebrauchen, um mittelst seiner zu einer höheren Construction zu gelangen. Die körperliche Ecke oder das sphärische Dreieck läßt sich durch ihn nicht erzeugen.

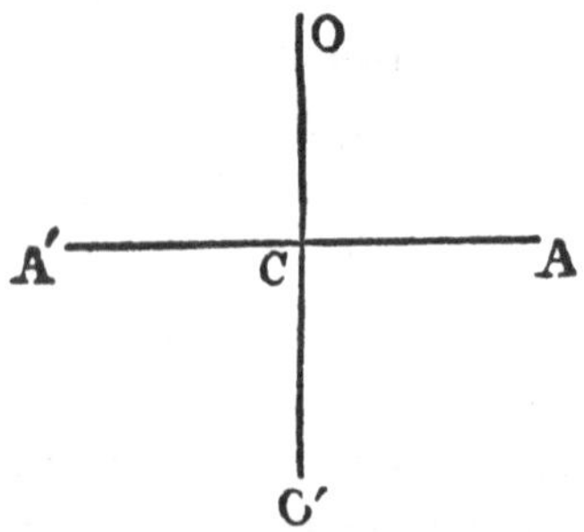

164. Dagegen kann die gr. L. hierzu sehr wohl gebraucht werden. Wenn man in der Linie AA′ den Punct C als den Ausgangspunct der Construction betrachtete, und die Richtung von C gegen A als die positive ansah, so mußten die Abschnitte auf der entgegengesetzten Seite, gegen A′ hin als negativ angesehen werden (§. 62). Wird nun CA, als positiv betrachtet, nach irgend einer, nicht mit der Linie zusammenfallenden Richtung CO einfach fortbewegt, so entsteht die Fläche OCA. Wir nennen aber die Fortbewegung einer Linie eine einfache, wenn sie nichts als ihren Ort verändert, und zwar nach einer unveränderlichen Richtung hin, so daß also jeder Punct derselben eine gr. L. beschreibt.

165. Wird diese Construction durch die Zurückbewegung wieder aufgehoben, und diese Bewegung in der aufhebenden Richtung über den Ausgangspunct fortgesetzt, so entsteht die Fläche O′CA, welche als negativ betrachtet werden muß, wenn OCA als positiv angesehen wird, wie aus dem §. 61 aufgestellten Begriffe des Positiven und

Negativen erhellt. — Aus gleichem Grunde findet man, von CO ausgehend, die Fläche A'OC negativ. Aus beiden folgt dann, daß A'CO' wieder positiv sei, da es gegen die negativen Flächen die gleiche Beziehung hat, wie OCA.

166. Will man AA' als die absolute Basis der Construction beibehalten, und die Fortbewegung der OO' nicht gelten lassen, so ändert sich dadurch in Ansehung des ersten Theils unserer Demonstration nichts. Daß dann aber A'CO negativ sei folgt so: Die Richtung CO in der Bewegung der Linie AA' wurde als die setzende oder positive betrachtet. Sie setzt nämlich die erzeugte Fläche als eine solche, die in Ansehung der Bezeichnung (±) mit der erzeugenden Linie gleichartig ist. Aber die erzeugende Linie zerfiel in den positiven Strahl CA, welcher den Flächenraum ACO construirt, und in den negativen CA', welcher den Flächenraum A'CO hervorbringt. Der erstere ist daher positiv, der letztere dagegen negativ.

167. Bewegt sich dagegen die Linie AA' nach der entgegengesetzten, mithin aufhebenden oder negativen Richtung, so muß die erzeugte Fläche als von entgegengesetzter Beschaffenheit mit dem erzeugenden Strahle angesehen werden. Hieraus folgt, daß ACO' als negativ, A'CO' als positiv zu betrachten ist.

168. Wir ziehen hieraus folgende allgemeine Sätze, in denen unter der Richtung, nach welcher eine Linie sich fortbewegt, eine solche zu verstehen ist, die nicht in derselben liegt.

Die positive Linie nach der positiven Richtung sich bewegend erzeugt eine positive Fläche.

Die positive Linie nach der negativen Richtung sich bewegend erzeugt eine negative Fläche.

Die negative Linie nach der positiven Richtung sich bewegend erzeugt eine negative Fläche.

Die negative Linie nach der negativen Richtung sich bewegend erzeugt eine positive Fläche.

169. Betrachtet man CA, CO als geometrische Factoren, und zwar als positive, so sind CA', CO' die negativen Factoren, ihr Product, die erzeugte Fläche, daher unter denselben Umständen positiv und negativ, unter welchen ein arithmetisches Product es wird, wie denn die Sache in der That auch dieselbe ist (Anm. §. 25).

170. Wird die erzeugte Fläche nun wieder als Basis einer neuen Construction gebraucht, indem man sie nach irgend einer nicht in ihr selbst liegenden Dimension einfach (d. h. parallel mit sich selbst, und so, daß jeder Punct eine gr. L. beschreibt) fortbewegt, so muß von den beiden entgegengesetzten Richtungen, in welche jene Dimension zerfällt, die eine als die setzende (positive), die andere als die aufhebende (negative) betrachtet werden. Nach der setzenden Richtung wird der erzeugte körperliche Raum mit der erzeugenden Fläche gleichartig, nach der aufhebenden ungleichartig sein.

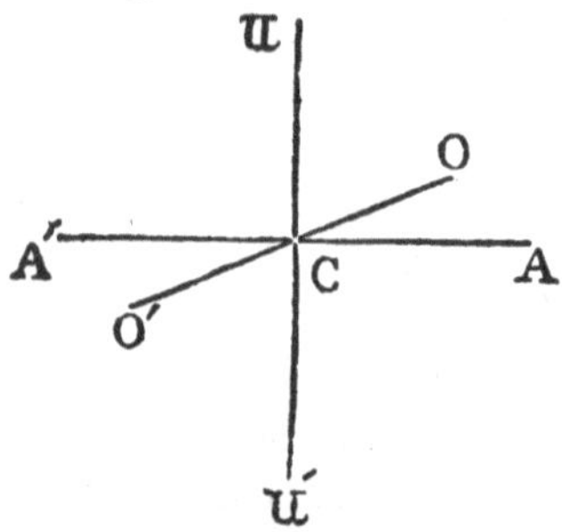

171. Ist nun CU die positive Richtung, CU' die negative, so folgt, daß von den acht körperlichen Winkeln oder Ecken, die bei C entstehen, 4 positiv, und 4 negativ sein müssen. Es sind positiv:

(C)AOU; (C)A'O'U;
(C)A'OU'; (C)AO'U',

dagegen sind negativ:

(C)AOU'; (C)AO'U; (C)A'OU; (C)A'O'U'.

Diese Ecken sind aber nicht an sich positiv oder negativ, sondern nur in Beziehung auf einen gewissen Gang der Construction, und auf einen darin angenommenen positiven Sinn derselben.

172. Sieht man wiederum die entstandenen körperlichen Räume, (die Ecken) als geometrische Producte aus den unbestimmten linearen Factoren CA, CO etc. an, so ergiebt sich auch hier, in völliger Uebereinstimmung mit der Arithmetik, daß die positive oder negative Beschaffenheit der erzeugten Ecken allein davon abhängt, ob sie eine gerade oder ungerade Anzahl negativer Factoren enthalten.

Sphärische Zweiecke.

173. Da sich zwei größte Kreise auf der Kugel stets in 2 Puncten durchschneiden, so begrenzen sie Theile der Kugelfläche, welche man sphärische Zweiecke nennt, und da ihr Durchschnitt durch den Mittelpunct der Kugel geht, mithin

zugleich Durchmesser der Kugel wie jedes der Kreise ist, so halbiren sie sich gegenseitig, und das sphärische Zweieck ist stets von zwei Halbkreisen begrenzt.

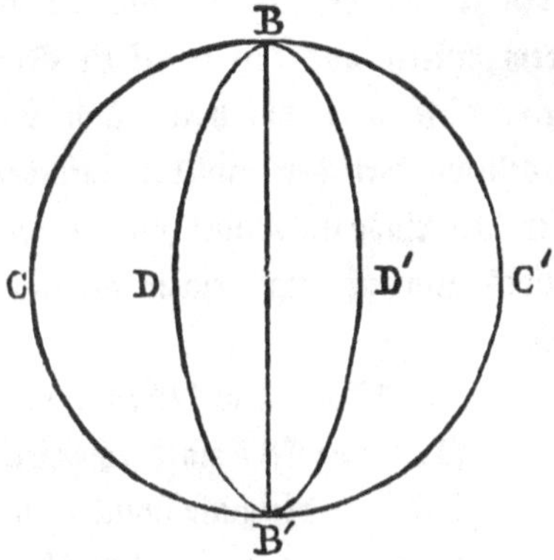

174. Den Neigungswinkel, unter welchem die Ebenen zweier größten Kreise sich durchschneiden, nennt man den sphärischen Winkel derselben. Er stellt sich in jeder auf ihrem Durchschnitt senkrechten Ebene als ein ebener Winkel dar. Legt man die Ebene durch einen der Scheitelpuncte B oder B′, so werden ihre Durchschnitte mit den Ebenen der größten Kreise Tangenten an die letztere, und da eine Tangente an einen Bogen die Richtung desselben im Berührungspuncte überall nur hervorhebt, so kann man sagen, daß die Bogen im Scheitelpuncte sich in der That unter diesem Winkel durchschneiden. Dies gilt jedoch eigentlich nur von den Elementen derselben im Berührungspuncte. Einen sphärischen Winkel bezeichnet man wie einen ebenen durch Buchstaben die an seine Schenkel und an seinen Scheitelpunct gesetzt sind, z. B. CBD.

175. Ein sphärisches Zweieck wird eben so wie ein ebener Winkel construirt (§. 63.). Statt daß sich dort eine gr. L. in einer Ebene herumschwenkt, dreht sich hier eine Ebene um eine gr. L. Das Erzeugniß dieser Schwenkung ist, wenn man von der Fläche des größten Kreises ausgeht, der Kugelausschnitt BB′CD, d. h. das Zweieck als ein Theil der Kugel, wenn man vom Bogen ausgeht, das Zweieck als ein

Theil der Kugeloberfläche, und sowohl der eine als das andere ist dem sphärischen Winkel proportional. Man kann hier eben so, wie beim ebenen Winkel (§. 64—66) den einen Bogen des Zweiecks als den festen, den andern als den beweglichen ansehen, von dem erstern aus den positiven Sinn der Schwenkung bestimmen, diese über die halbe und über die ganze Umschwenkung beliebig fortsetzen, wieder aufheben, im aufhebenden Sinne über den Ausgangspunct hinaus fortgehen, und so ein negatives Zweieck und einen negativen sphärischen Winkel erzeugen.

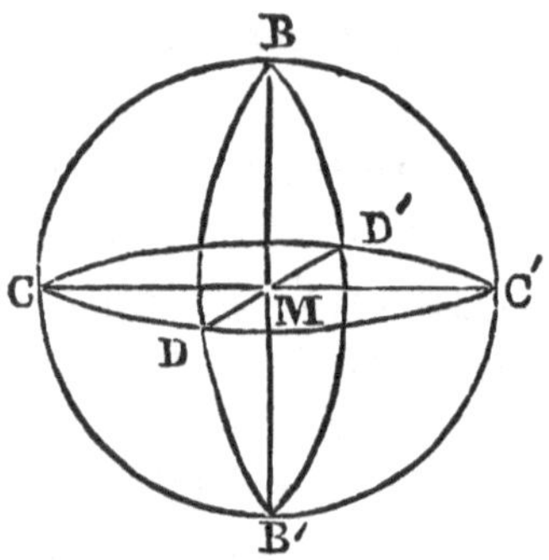

176. Die beiden sphärischen Winkel eines Zweiecks sind als Neigungswinkel derselben Ebenen einander gleich. Die 4 sphärischen Winkel um einen Punct B, in welchem sich zwei größte Kreise schneiden, erscheinen, wenn man durch B eine auf BB' senkrechte Ebene legt, als Nebenwinkel und Scheitelwinkel, und verhalten sich wie diese. Die Scheitelzweiecke sind einander gleich; Nebenzweiecke ergänzen einander zur Halbkugelfläche. Legt man die auf BB' senkrechte Ebene durch den Mittelpunct der Kugel, so messen die Bogen des so erhaltenen größten Kreises, so weit sie in die Zweiecke fallen, die sphärischen Winkel derselben, und die Verhältnisse erscheinen wie vorhin, nur durch Bogen größter Kreise ausgedrückt. Wenn man CBDB'C = CD als das Hauptzweieck betrachtet, so ist CD' sein Scheitelzweieck, CD' und C'D seine Nebenzweiecke.

177. Bezeichnet man die Oberfläche der Kugel mit S, ihren cubischen Inhalt mit G, die Größe des sphärischen Winkels in Graden durch n, so ist (nach 175) der Flächeninhalt des sphärischen Zweiecks $\frac{n}{360}$ S, sein cubischer Inhalt $\frac{n}{360}$ G. Setzt man für S und G ihre Werthe durch den Halbmesser r und π ausgedrückt, so wird der erstere $\frac{n}{90} r^2 \pi$, der letztere $\frac{n}{270} r^3 \pi$. Da die Oberfläche der Kugel gleich der gekrümmten Oberfläche des umschriebenen geraden Cylinders, ihr körperlicher Inhalt aber nur $\frac{2}{3}$ von dem Inhalte des Cylinders ist, so läßt sich die Fläche des Zweiecks auch als das geometrische Product aus der Länge des Bogens CD in den Durchmesser der Kugel, der körperliche Inhalt dagegen als das Product der Fläche des Kreisausschnitts CMD in $\frac{2}{3}$ des Durchmessers darstellen.

Sphärische Dreiecke.

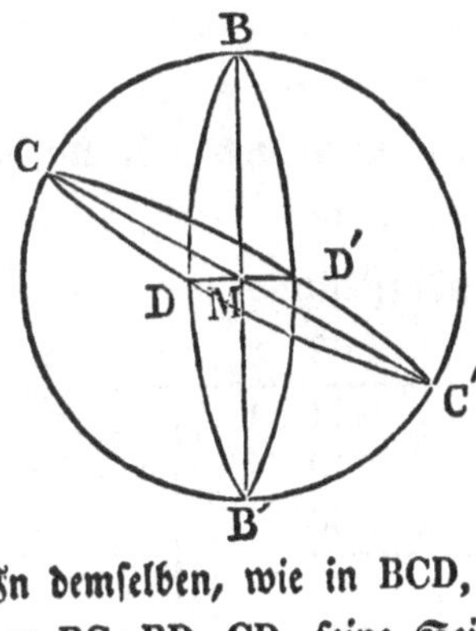

178. Legt man um die Kugel noch einen dritten beliebigen Normalkreis CDCD′, jedoch nicht durch die Scheitelpuncte des Zweiecks, so wird jedes der letztern, in 2 Theile, mithin die ganze Kugelfläche in 8 Theile getheilt, deren jeder ein sphärisches Dreieck ist. In demselben, wie in BCD, nennt man die begrenzenden Bogen BC, BD, CD, seine Seiten, und die sphärischen Winkel, (§. 174), welche sich dem Dreieck zuwenden, schlechthin seine

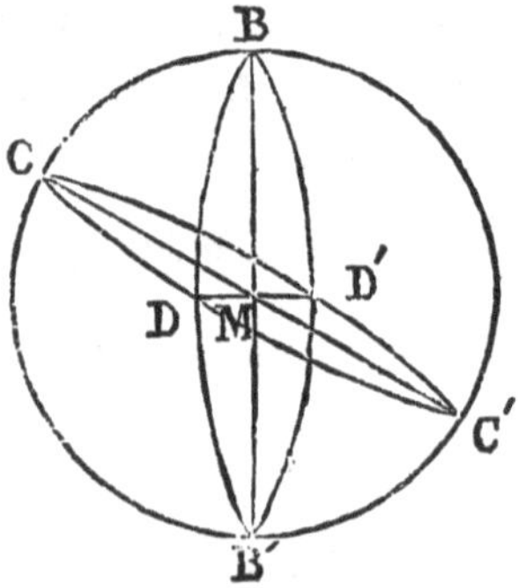

Winkel, wie CBD etc., beide zusammen die Begrenzungselemente. Sieht man das eine dieser Dreiecke als das Hauptdreieck an, so kann jedes von den dreien, welche eine Seite mit ihm gemein haben, ein Nebendreieck, jedes, welches nur einen Winkelpunct mit ihm gemein hat, ein Scheiteldreieck, und dasjenige, was ganz von ihm getrennt liegt, sein Gegendreieck, Transversaldreieck oder symmetrisches Dreieck genannt werden.

179. Ist BCD das Hauptdreieck, B′, C′, D′ die den gleichnamigen diametralentgegenstehenden Puncte, so kann man die übrigen Dreiecke combinatorisch entwickeln, indem man die Dreigeschiede (Ternionen) aus den Elementen B, C, D, B′, C′, D′ sucht, jedoch mit der Bedingung, daß die gleichnamigen Elemente, wie B und B′, in einer und derselben Complexion nicht vorkommen dürfen. Diejenigen Complexionen, welche mit dem Hauptdreiecke zwei Elemente gemein haben, bezeichnen die Nebendreiecke, diejenigen, welche nur eins mit ihm gemein haben, die Scheiteldreiecke, und das, welches keins mit ihm gemein hat, das Gegendreieck.

Combinatorische Darstellung.

B C D	das Hauptdreieck	...	000	0	positiv.
B C D′	die Nebendreiecke	..,	001	1	negativ.
B C′D		.,.	010	2	
B′C D		,..	100	4	
B C′D′	die Scheiteldreiecke	.,,	011	3	positiv.
B′C D′		,.,	101	5	
B′C′D		,,.	110	6	
B′C′D′	das Gegendreieck	,,,	111	7	negativ.

Die dritte Columne hebt bloß die Accente hervor, nnd bezeichnet die Stelle eines nicht accentuirten Elements mit einem Puncte, beides unter der Voraussetzung, daß das Hauptdreieck durch die nicht accentuirten Elemente bezeichnet, die Elemente aber stets in derselben Folge aufgeführt werden. — Die 4te Columne stellt sie als diadische Zahlen dar, welche die 5te in die dekadische verwandelt.

180. Bezeichnet man die Seiten gleichnamig mit den gegenüberliegenden Winkeln, so lassen sich die Begrenzungselemente aller von einander abhängigen sphärischen Dreiecke durch eins leicht angeben.

Ist BCD dies eine, so sind

	die Seiten			die Winkel		
in B C D	b	c	d	B	C	D
„ B C D'	180°—b	180°—c	d	180°—B	180°—C	D
„ B C'D	180°—b	c	180°—d	180°—B	C	180°—D
„ B'C D	b	180°—c	180°—d	B	180°—C	180°—D
„ B C'D'	b	180 —c	180 —d	B	180 —C	180 —D
„ B'C D'	180°—b	c	180°—d	180°—B	C	180 —D
„ B'C'D	180°—b	180°—c	d	180°—B	180°—C	D
„ B'C'D'	b	c	d	B	C	D

Hieraus ergiebt sich, daß das Gegendreieck mit dem Hauptdreieck gleiche Begrenzungselemente hat. und ihm völlig gleich, wenn auch nicht congruent ist. Jedes der übrigen Dreiecke hat mit dem Hauptdreieck eine gleiche Seite und Winkel, die sich gegenüberliegen. Die beiden andern Seiten und Winkel ergänzen die des Hauptdreiecks zu 2 Rechten. Jedes Nebendreieck hat unter den Scheiteldreiecken sein Gegendreieck.

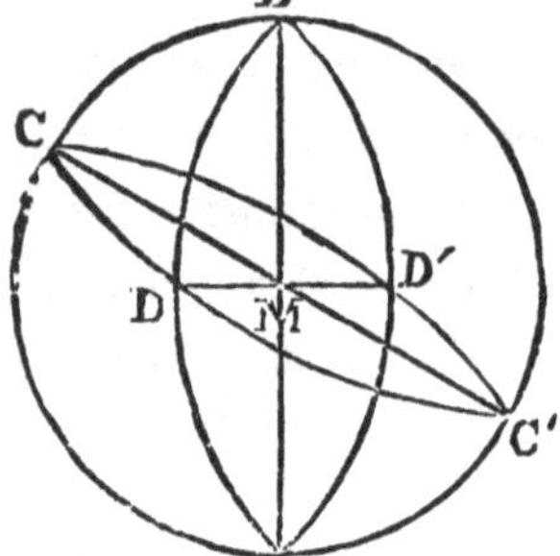

181. Wenn unter den Begrenzungselementen kein Quadrant und kein rechter Winkel ist, so giebt es unter den 4 Paaren sphärischer Dreiecke, welche auf der Kugel zusammengehören, immer eins, welches entweder 3 spitze oder 3 stumpfe Winkel hat. — Eben so giebt es eins, welches entweder 3 spitze oder 3 stumpfe Seiten hat. — Denn wenn das Dreieck nicht schon der Forderung entspricht, so kann es entweder 2 spitze und 1 stumpfen, oder 1 spitzen und 2 stumpfe Winkel haben. Im ersten Falle ist unter seinen Nebendreiecken ein völlig stumpfwinkliges, im andern ein völlig spitzwinkliges, dem nun unter den Scheiteldreiecken immer noch ein zweites als Gegendreieck entspricht. Eben so verhält es sich in Ansehung der Seiten.

182. Die 8 sphärischen Dreiecke sind die Maaße der 8 körperlichen Winkel oder Ecken, welche durch die §. 170—172 beschriebene Construction entstehen, und von welchen in Beziehung anf den angegebenen Gang der Construction, und den angenommenen positiven Sinn 4 positiv, und 4 negativ waren. Hierauf bezieht sich die letzte Columne der Tafel §. 179. Es sind aber nicht die sphärischen Dreiecke, als Theile der Kugeloberfläche, sondern die von ihnen gemessenen Ecken, als Producte entgegengesetzter, ihrer Größe nach unbestimmter räumlicher Factoren, von denen diese Aussage gilt.

183. Die 3 Seiten des sphärischen Dreiecks messen die 3 ebenen Winkel, die 3 sphärischen Winkel die 3 Neigungswinkel der Ecke. Sind die größten Kreise voll ausgezogen — die Ebenen, welche die Ecke bilden, mithin über ihren Durchschnitspunct allseitig erweitert, — so ergiebt sich aus der Beschaffenheit des Zweiecks, daß jede Seite, wie jeder Winkel eines sphärischen Dreiecks kleiner als 180° sein müsse. Von solchen ist in der sphärischen Trigonometrie nur die Rede, und es sind daher alle bei jener Construction als getheilt erscheinenden Dreiecke oder Ecken von der Betrachtung ausgeschlossen.

Flächeninhalt und cubischer Inhalt eines sphärischen Dreiecks.

184. Unter dem körperlichen Inhalte eines sphärischen Dreiecks versteht man den durch die Seitenflächen einer Ecke, und das sphärische Dreieck, welches sie auf der Kugeloberfläche bestimmen, begrenzten Raum. Dieser Inhalt ist, aus leicht übersehbaren, in der Stereometrie näher entwickelten Gründen dem Inhalte einer Pyramide gleich, deren Basis der Oberfläche, und deren Höhe dem Halbmesser gleich ist. Hiernach ist der cubische Inhalt eines sphärischen Dreiecks seiner Oberfläche proportional.

185. Die Fläche des sphärischen Dreiecks durch die Kugelfläche ausgedrückt, ist zugleich der körperliche Raum der Ecke durch den Gesammtraum um einen Punct ausgedrückt, (zeigt an, wieviel solcher Ecken sich stetig um einen Punct legen lassen, wenn sie von der Beschaffenheit sind, daß sie diesen Raum vollständig erfüllen können) und ist so das Totalmaaß der Ecke. Beide Ausdrücke sind nach §. 26 reine

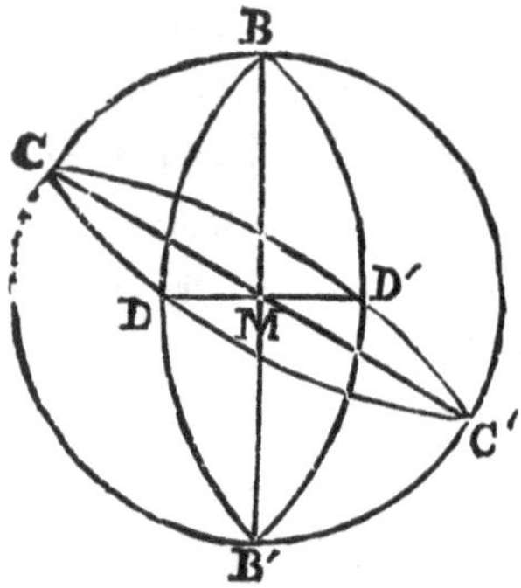

Zahlen. Der Cubikinhalt des sphärischen Dreiecks, durch den der Kugel ausgedrückt, ist hiermit identisch.

Aufg. Einige solche Ecken anzugeben, welche sich, den Raum erfüllend, um einen Punct legen lassen. Die regelmäßigen Körper der Geometrie, und die einfachen Gestalten der Krystallographie führen auf solche, wiewohl nicht immer dreiseitige Ecken. — Einfache Gestalten nennt man Körper, die von ebenen congruenten Flächen begrenzt sind.

186. Wenn B, C, D die sphärischen Winkel des Dreiecks BCD in Graden, und S die Oberfläche der Kugel bezeichnen, so hat man die Fläche

$$BCD + B'CD = \frac{B}{360^\circ} S \quad (§. 177)$$

$$BCD + BC'D = \frac{C}{360^\circ} S$$

$$BCD + B'C'D = \frac{D}{360^\circ} S = BCD + BCD' \quad (§. 180).$$

Addirt man,

so ist: $3BCD + B'CD + BC'D + B'C'D = \frac{B+C+D}{360^\circ} S.$

Hiervon subtrah.

$$BCD + B'CD + BC'D + B'C'D = \tfrac{1}{2} S$$

läßt $2BCD = \left(\frac{B+C+D}{360^\circ} - \frac{1}{2}\right) S = \frac{B+C+D-180^\circ}{360} S$

mithin $BCD = \frac{B+C+D-180}{720} S.$

Setzt man G (den kubischen Inhalt der Kugel) statt S, und versteht unter BCD auch den kubischen Inhalt des sphärischen Dreiecks, so hat man diesen durch den nämlichen Ausdruck. Der Flächeninhalt (kubische Inhalt) eines sphärischen Dreiecks macht einen eben so großen Theil der Kugeloberfläche (Kugel) aus, als der Ueberschuß seiner 3 Winkel über 2 Rechte von 8 Rechten ausmacht.

187. Die 3 Winkel eines sphärischen Dreiecks sind daher immer größer als 2 Rechte, aber kleiner als 6 Rechte (183). Seine 3 Seiten als Maaße der ebenen Winkel, welche die Ecke bilden, müssen kleiner als 4 Rechte sein, wie aus der Stereometrie bekannt ist.

Rechtwinklige Dreiecke.

188. Ein sphärisches Dreieck kann einen, zwei und drei rechte Winkel haben. — Hat es drei rechte Winkel, so stehen die Ebenen der größten Kreise aufeinander senkrecht, mithin ist die Durchschnittslinie je zweier auf dem dritten senkrecht, heißt seine Axe, und ihre Endpuncte die Pole des dritten Kreises. Im Dreieck BCD ist daher jede Seite ein Quadrant, und jeder Winkelpunct der Pol der gegenüberliegenden Seite.

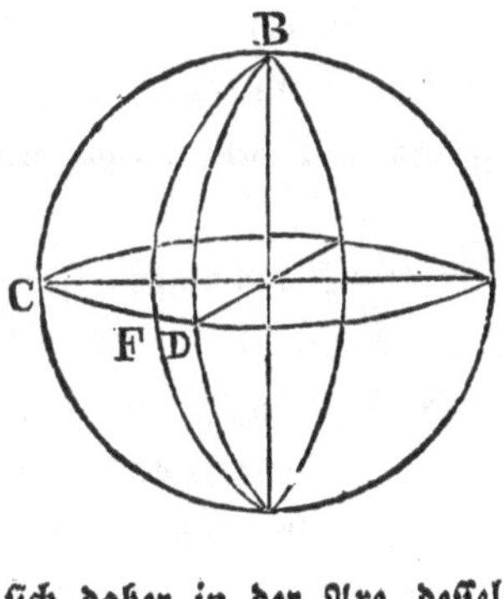

189. Hat ein sphärisches Dreieck nur 2 rechte Winkel, wie BCF bei C und F, so stehen die Ebenen der beiden Kreise, welche als Seiten den dritten Winkel einschließen, auf der Ebene des Kreises, welcher durch die Scheitelpuncte der beiden rechten Winkel geht, senkrecht, durchschneiden sich daher in der Axe desselben, und die den beiden rechten Winkeln gegenüberliegenden Seiten BF und BC sind Quadranten. Der dritte Winkel B wird mithin von der ihm

gegenüberliegenden Seite CF gemessen, beide können jede beliebige Größe unter 180° haben. Man kann sich daher des Quadranten, wie eines Stangenzirkels bedienen, um aus beliebigen Puncten der Kugeloberfläche größte Kreise zu beschreiben.

190. Diese beiden Arten von Dreiecken sind nun gar nicht ein Gegenstand der Trigonometrie, da an ihnen nichts zu bestimmen und zu berechnen übrig bleibt. Dasjenige rechtwinklige Dreieck, welches hier allein in Betracht kommt, ist also immer ein solches, was nur einen rechten Winkel hat, und wird immer verstanden, wenn von einem rechtwinkligen Dreiecke in der sphärischen Trigonometrie die Rede ist. Man nennt, wie bei ebenen Dreiecken, die dem rechten Winkel gegenüberliegende Seite die Hypotenuse, die ihn einschließenden Seiten die Katheten.

Das Polardreieck.

191. Da die Pole (§. 188) eines größten Kreises von jedem Puncte desselben um 90° oder einen Quadranten entfernt stehen, so kann man mit dem Quadranten einerseits von dem gegebenen Pole aus den dazu gehörigen größten Kreis beschreiben, andererseits für jeden Bogen eines größten Kreises die dazu gehörigen Pole finden, wenn man von 2 nicht entgegengesetzten Puncten desselben mit dem Quadranten Durchschnitte macht.

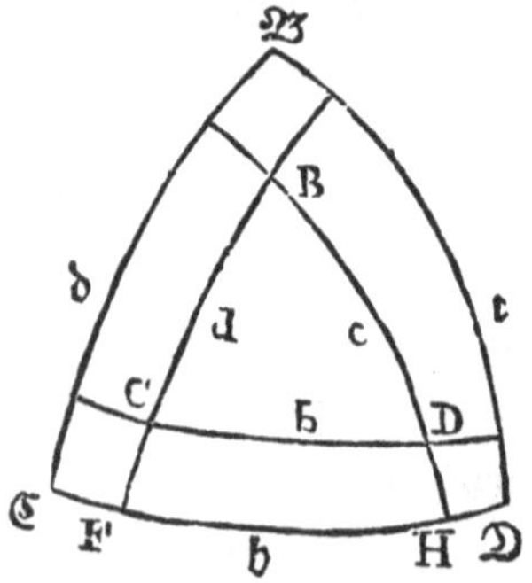

192. Wenn nun ein sphärisches Dreieck BCD gegeben ist, so suche man von jeder Seite, z. B. von CD aus, denjenigen Pol 𝔅, welcher mit dem Dreiecke auf derselben von CD aus gerechneten Halbkugel liegt. Die so gefundenen Pole

𝔅, ℭ, 𝔇, verbinde man durch Bogen größter Kreise, so heißt das so entstandene Dreieck 𝔅ℭ𝔇 das Polardreieck von BCD. Da 𝔅C und 𝔇C nun Quadranten sind, so ist auch C der Pol von 𝔅𝔇, B der Pol von ℭ𝔇, D der Pol von 𝔅ℭ, und die beiden Dreiecke haben das Verhältniß, daß das eine des andern Polardreieck ist. — Man erhält das Polardreieck eines gegebenen Dreiecks auf der Kugel am bequemsten, wenn man aus jedem Winkelpuncte des Hauptdreiecks mit dem Quadranten Kreisbogen beschreibt.

193. Von 2 Polardreiecken hat jeder Winkel des einen das Supplement (Ergänzung zu 180°) der gegenüberstehenden Seite des andern, deren Pol sein Scheitelpunct ist, zu seinem Maaße, und eben so wird jede Seite des einen durch den gegenüberstehenden Winkel des andern zu 180° ergänzt.

Bew. Man verlängere, wenn es nöthig ist, BC und BD bis sie ℭ𝔇 in F und H treffen. Da nun B der Pol von ℭFH𝔇 ist, so wird der Winkel B vom Bogen FH gemessen (§. 176). Ferner ist ℭH eben so wie 𝔇F ein Quadrant, weil ℭ der Pol von BD und 𝔇 der Pol von BC ist. Man hat also, wenn man die Seiten der Dreiecke BCD und 𝔅ℭ𝔇 mit den gleichnamigen Buchstaben desselben Alphabets wie die Winkel bezeichnet:

$$\mathfrak{C}H + \mathfrak{D}F = 180° = \mathfrak{C}\mathfrak{D} + FH = b + B$$

mithin

$$B = 180° - \mathfrak{b}; \qquad b = 180° - \mathfrak{B}.$$

Eben so ist

$$C = 180° - \mathfrak{c}; \qquad c = 180° - \mathfrak{C},$$
$$D = 180° - \mathfrak{d}; \qquad d = 180° - \mathfrak{D}.$$

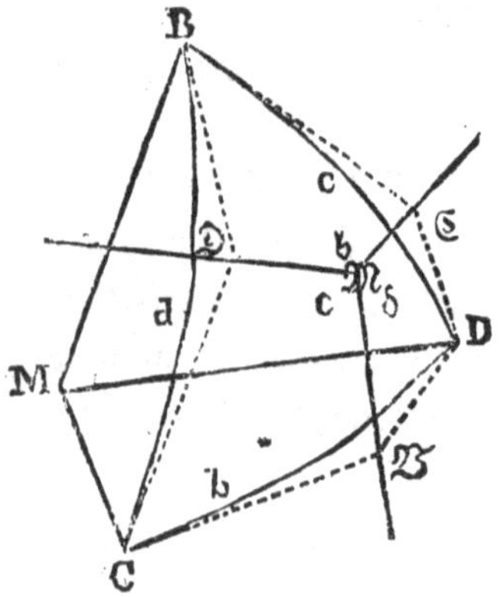

194. Lehrsatz. Wenn man sich durch die 3 Winkelpuncte eines sphärischen Dreiecks BCD berührende Ebenen an die Kugel gelegt denkt, so entsteht durch den Durchschnitt derselben im Puncte 𝔐 eine Ecke, welche von dem Polardreieck des Dreiecks BCD gemessen wird.

Beweis. Es sei M der Mittelpunct der Kugel; MB, MC, MD Halbmesser nach den Winkelpuncten des Dreiecks BCD; B𝔐, C𝔐, D𝔐 die in den Puncten B, C, D die Kugel berührenden, also auf den Halbmessern nach diesen Puncten senkrechten Ebenen, welche sich untereinander in den Linien 𝔐𝔇, 𝔐𝔈, 𝔐𝔅 durchschneiden, und bei 𝔐 eine äußerliche Ecke bilden. Diese ist es, von welcher zu erweisen ist, daß sie von dem Polardreieck von BCD gemessen werde, d. h., daß die Neigungswinkel ihrer Ebenen die Seiten des sphärischen Dreiecks BCD, ihre ebenen Winkel dagegen die sphärischen Winkel von BCD zu 180° ergänzen. Man stelle sich die Ebenen der größten Kreise bis zum Durchschnitt mit den Ebenen der äußerlichen Ecke erweitert vor, und es seien 𝔇, 𝔈, 𝔅 die Puncte, in welchen die Kanten getroffen werden. Es ist Eb. 𝔐B auf MBC senkrecht, weil sie auf MB senkrecht ist; ferner ist Eb. 𝔐C auf MBC senkrecht, weil sie auf MC senkrecht ist; daher ist 𝔐𝔇, der Durchschnitt der Ebenen 𝔐B und 𝔐C, auf der ganzen Eb. MBC, mithin auf jeder in derselben gezogenen Linie senkrecht. Die Winkel 𝔐𝔇B, 𝔐𝔇C sind daher Rechte, und B𝔇C ist der Neigungswinkel der Ebenen 𝔐B und 𝔐C, d. h.

der sphärische Winkel der äußern Ecke, den wir kurz mit D bezeichnen wollen. Im Viereck MBDC sind nun 2 Winkel bei B und C Rechte; die übrigen müssen sich daher zu 2 Rechten ergänzen, d. h. BDC = 180° — BMC, oder da BMC durch die Seiten BC = d gemessen wird:

$$\mathfrak{D} = 180° - d.$$

Auf gleiche Weise läßt sich zeigen, daß

$$\mathfrak{C} = 180° - c$$
$$\mathfrak{B} = 180° - b.$$

Die sphärischen Winkel der äußern Ecke sind also die Supplemente für die Seiten der innern. — Im Viereck B𝔈M𝔇, in welchem die Winkel bei 𝔈 und 𝔇 Rechte sind, 𝔈B𝔇 aber der sphärische Winkel B ist, hat man, wenn man den ebenen Winkel 𝔈M𝔇 = 𝔟 setzt, und dieselben Gründe wie die entsprechende Bezeichnung für die übrigen Flächen der äußerlichen Ecke anwendet:

$$\mathfrak{b} = 180° - B$$
$$\mathfrak{c} = 180° - C$$
$$\mathfrak{d} = 180° - D.$$

Diese Seiten und Winkel sind aber die des Polardreiecks von BCD, mithin mißt dieses die äußerliche Ecke *).

195. Da Winkel, welche sich zu 180° ergänzen, gleiche trigonometrische Functionen haben, so unterscheiden sich die

*) Auf dieses bisher, so viel mir bekannt ist, nicht gehörig beachtete, oder nicht gehörig hervorgehobene Verhältniß eines Dreiecks zu seinem Polardreieck gründet sich eine eigenthümliche Entwickelung und Behandlung der Krystallgestalten, welche ich in einer besondern Schrift: Zur physischen Krystallonomie und geometrischen Combinationslehre, Stettin 1829, versucht habe. Vergleiche Poggendorfs Annalen 30ste Bd. S. 1 sq. Hier erhält denn auch das was oben 179 und 182 über die positiven und negativen Ecken gesagt ist, seine rechte Bedeutung und Anwendung.

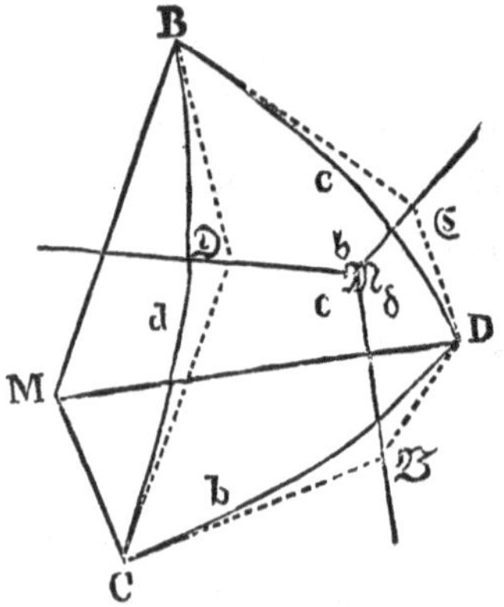

Formeln, welche sich auf die äußerliche Ecke beziehen, wenn man Seiten und Winkel gegenseitig vertauscht, nur durch die Vorzeichen.

196. Wenn in einem Parallelepipedum die parallelen Flächen gleichweit von einander abstehen, so läßt sich in demselben eine die sämmtlichen Seitenflächen berührende Kugel construiren, und die 8 sphärischen Dreiecke zwischen den Berührungspuncten sind die Porlardreiecke der 8 äußerlichen Ecken unter denen sie liegen, und hieraus ist unmittelbar klar, daß jedes mögliche sphärische Dreieck, welches den allgemeinen Bedingungen (§. 183) entspricht, ein Polardreieck haben müsse, da durch jede 3 nicht in Einer Ebene liegende Linien ein Parallelepipedum bestimmt ist, dessen Seitenflächen auf diesen Linien senkrecht sind.

197. Man nenne die Linien durch die Berührungspuncte die Träger der Flächen, auf welchen sie senkrecht sind. Stellt man sich nun vor, daß die Flächen des Parallelepipedums auf ihren Trägern beliebig vor und zurückgeschoben werden, so hat dies auf die Ecke als solche keinen Einfluß. Es ist also die Bedingung des vorigen Satzes, daß die parallelen Flächen des Parallelpipedum gleich weit von einander abstehen, gar nicht erforderlich, und es sind immer die 8 innerlichen durch die Träger bestimmten sphärischen Dreiecke die Polardreiecke der äußerlichen Ecken des Parallelepipedum.

Vollkommene Bestimmung der sphärischen Dreiecke.

198. Durch 2 Seiten und den eingeschlossenen Winkel ist ein sphärisches Dreieck vollkommen bestimmt. Sind nämlich die beiden Seiten unter dem gegebenen Winkel an einander gelegt, so bleibt durchaus nichts mehr willkührlich. Die 3te Seite ist durch die beiden freien Endpuncte ihrer Größe und Lage nach vollkommen bestimmt. — Auf welchem Theile der Kugelfläche die Construction gemacht wird, und ob die 2te Seite an den einen oder an den andern Endpunct der ersten angelegt wird, kann keinen Unterschied machen, da sich die Kugelfläche allseitig gleich und ähnlich ist.

199. Durch eine Seite und die beiden anliegenden Winkel ist ein sphärisches Dreieck vollkommen bestimmt, da hierdurch die Lage der beiden übrigen Seiten, mithin ihr Durchschnittspunct auf der Seite der Winkel gegeben ist.

200. Ein sphärisches Dreieck ist auch durch seine 3 Seiten vollkommen bestimmt, da 2 ebene Winkel über einen dritten nur auf Eine Weise zu einem körperlichen Winkel oder einer Ecke zusammengelegt werden können. Auch ist klar, daß sich 2 kleine Kugelkreise, durch deren Mittelpunct man einen größten Kugelkreis gelegt hat, auf jeder Seite desselben nur Einmal schneiden können.

201. Ein sphärisches Dreieck ist endlich auch durch seine 3 Winkel bestimmt, denn durch die 3 Winkel sind die 3 Seiten des Polardreiecks, also (nach 200) auch die 3 Winkel des letztern, daher die Seiten des Hauptdreiecks gegeben.

202. Dagegen ist ein sphärisches Dreieck durch 2 Seiten und den der Einen gegenüberliegenden Winkel nicht immer vollkommen bestimmt, sondern es sind aus den gegebenen Stücken oft 2 Dreiecke möglich.

203. Eben so bleibt das Dreieck oft zweideutig, wenn 2 Winkel und die dem Einen gegenüberliegende Seite gegeben ist.

204. Diese Sätze lassen sich mit gleicher Evidenz, wie die entsprechenden der Planimetrie erweisen; es kann aber der Beweis dieser von der sphärischen Trigonometrie eben so wenig gefordert werden, als man den jener von der ebenen Trigonometrie fordert. Gleich bestimmte Dreiecke sind entweder congruent oder symmetrisch. Im ersten Falle deckt das eine Dreieck das andere selbst, im andern sein Gegendreieck.

Vergleichende Bestimmungen.

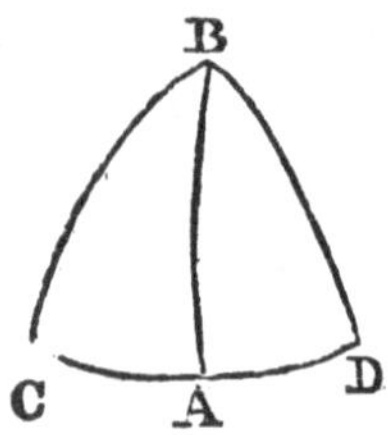

205. Wenn ein sphärisches Dreieck 2 gleiche Seiten hat, so hat es auch 2 gleiche, diesen gegenüberliegende Winkel; denn wenn man im Dr. BCD einen größten Kreisbogen BA so legt, daß er den von den beiden gleichen Seiten BC und BD gebildeten Winkel halbirt, so sind die beiden Dreiecke ABC, ABD gleich bestimmt (§. 198), mithin auch C und D gleich.

206. Da auch Winkel BAC = BAD, so ist BA auf CD senkrecht, und da AC = AD, so steht der Bogen, welcher den Winkel an der Spitze des gleichschenkligen Dreiecks halbirt, auf der Grundseite senkrecht und halbirt sie. — Auch ergiebt sich leicht, daß der Perpendikelbogen BA aus der Spitze des gleichschenkligen Dreiecks die Basis und den Winkel an der Spitze halbirt; daß der Bogen aus der Spitze nach der Mitte der Basis darauf senkrecht ist; und daß der aus der Mitte der Basis errichte Perpendikelbogen durch die Spitze geht und den Winkel halbirt, da durch jede dieser Voraussetzungen der nämliche Bogen BA bestimmt ist.

207. Das rechtwinklige Dreieck ABC enthält alle Stücke des gleichschenkligen entweder ganz, oder ihre Hälften. Die Auflösung des rechtwinkligen Dreiecks ist daher zugleich eine Auflösung des gleichschenkligen.

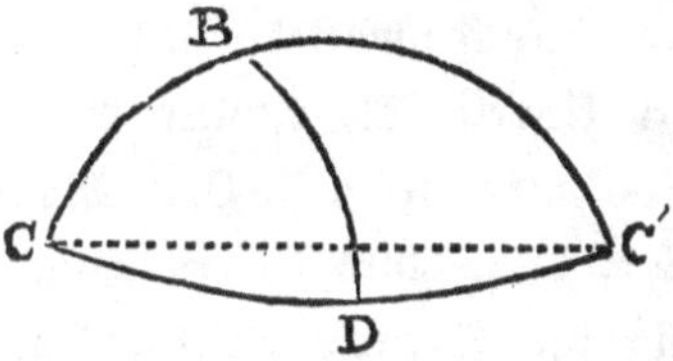

208. Dasjenige Nebendreieck eines gleichschenkligen, welches mit ihm einen der gleichen Schenkel (BD) gemein hat, hat 2 Supplementarseiten, und 2 Supplementarwinkel. Im sphärischen Zweieck CBC'D ist nämlich DB + BC' = CB + BC' = 180° und Winkel BDC' + BC'D = BDC' + BCD = BDC' + BDC = 180°. Nennt man ein solches Dreieck ein Supplementardreieck, so kann man den Satz so ausdrücken: Das Nebendreieck eines gleichschenkligen, welches mit ihm einen der gleichen Schenkel gemein hat, ist ein Supplementardreieck. Auch umgekehrt das Nebendreieck eines Supplementardreiecks, welches mit ihm eine der Supplementarseiten gemein hat, ist ein gleichschenkliges. — Supplementardreiecke werden eben so wie gleichschenklige aufgelöst. Auch lassen sich entsprechende Sätze wie für das gleichschenklige Dreieck dafür aufstellen *).

209. Wenn in einem sphärischen Dreiecke 2 Winkel gleich sind, so sind es auch die ihnen gegenüberliegenden Seiten, und das Dreieck ist gleichschenklig. — Es sei C = D. Man construire das Polardreieck und bezeichne dasselbe. In diesem werden nun 2 Seiten gleich sein müssen, nämlich

*) Viele Mathematiker nennen das Polardreieck auch Supplementardreieck. Da dieses aber bereits einen bequemen Namen hat, so scheint es besser den letztern Namen für das Nebendreieck eines gleichschenkligen zu verwenden.

c = 180° — C und d = 180° — D, daher auch die ihnen gegenüberliegenden Winkel C = D, woraus denn rückwärts c = d folgt, weil c = 180° — C und d = 180° — D.

210. Wenn ein sphärisches Dreieck zwei ungleiche Winkel hat, so liegt dem größeren Winkel die größere, dem kleinern die kleinere Seite gegenüber. Auch umgekehrt steht der größern Seite der größere, der kleinern die kleinere Seite gegenüber. — Es sei D > C. Man

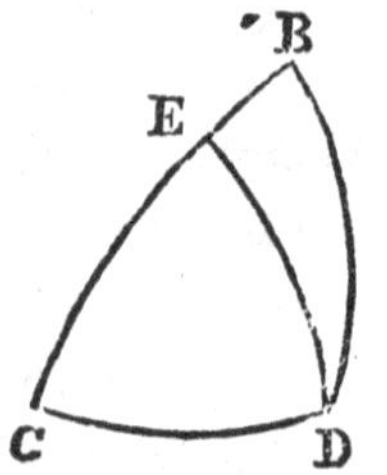

nehme CDE = C, so wird DE nothwendig innerhalb des Dreiecks BCD fallen, und die Seite BC irgendwo in E zwischen B und C treffen müssen, und man hat DE = CE (209). Da nun, wie in der Stereometrie gezeigt wird, 2 ebene Winkel, welche mit einem dritten einen körperlichen Winkel bilden, zusammen größer sein müssen als der dritte, so ist BE + DE > BD, mithin auch BE + EC > BD, d. h. BC > BD. — Der zweite Theil des Satzes folgt daraus, daß die beiden den ungleichen Seiten gegenüberliegenden Winkel weder gleich sein können (209), noch der größern Seite der kleinere Winkel gegenüberstehen kann.

211. In jedem rechtwinkligen sphärischen Dreiecke ist ein schiefer Winkel und die ihm gegenüberliegende Kathete immer gleichartig, d. h. es sind nothwendig beide entweder stumpf, oder beide spitz. — Es sei in dem bei

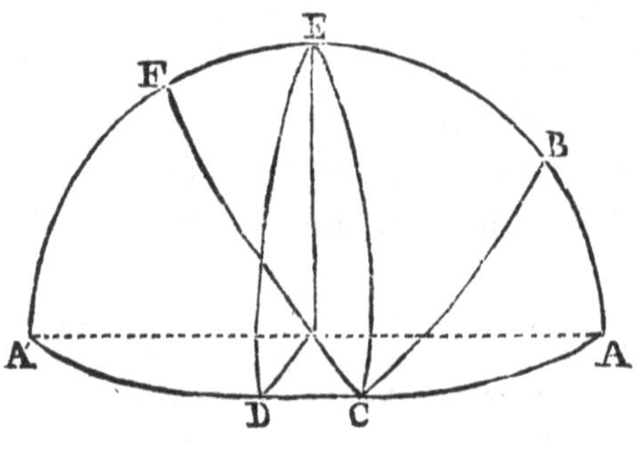

A rechtwinkligen Dreiecke ABC die Kathete AB $<$ 90°. Man verlängere sie, bis AE = 90° und ziehe CE, welches auf AC senkrecht und ein Quadrant sein muß, weil E der Pol von AC ist. Man hat also ECA = 90°, mithin BCA $<$ 90°, weil CB innerhalb des Winkels ACE fallen muß. Ist dagegen AF $>$ 90°, so ist ACF $>$ ACE, d. h. FCA $>$ 90°.

212. In einem rechtwinkligen sphärischen Dreiecke ist die Hypotenuse spitz oder stumpf, je nachdem die übrigen Begrenzungselemente gleichartig oder ungleichartig sind. — Es sei auch AC(=AEC) $<$ 90°, so ist auch ABC spitz (211), mithin EBC stumpf, daher BC $<$ CE (210) die Hypotenuse von ABC also spitz. Eben so im Dreieck A'BC, wo beide Katheten stumpf sind. Nimmt man dagegen AF stumpf, während AC spitz bleibt, so ist im Dreiecke CFE der Winkel CFE spitz (211) während FEC, als Nebenwinkel von AEC stumpf ist, daher CF $>$ CE (210) d. h. CF $>$ 90° und stumpf. — Hier ist nur von den Katheten die Rede gewesen; da die ihnen gegenüberliegenden Winkel ihnen aber gleichartig sind, so gilt der Satz in völliger Allgemeinheit.

213. Zieht man die Bogen, welche die Seiten eines rechtwinkligen sphärischen Dreiecks bilden, zu größten Kreisen voll aus, so sind die 8 zusammengehörigen Dreiecke, welche man so erhält, sämmtlich rechtwinklig, und es finden sich darunter stets 2 Gegendreiecke, in denen die Katheten mit den ihnen gegenüberliegenden Winkeln beide spitz, 2, in denen beide stumpf, also 2 Paar, in denen die Katheten gleichartig, und überdies 2 Paar, in denen die Katheten ungleichartig sind. Da diese Dreiecke so von einander abhängen, daß man durch Auflösung des einen auch die übrigen hat, so kann man sich vorläufig auf das spitzwinklige Dreieck beschränken.

Auflösung rechtwinkliger Dreiecke.

214. Bisher haben wir uns mit allgemeinen und geometrischen Bestimmungen beschäftigt. Jetzt erst kommen wir zu unserm eigentlichen Gegenstande, und betrachten zunächst das rechtwinklige sphärische Dreieck. Um hier Seiten und Winkel berechnen zu können, müssen außer dem rechten Winkel noch 2 Stücke gegeben sein. Bei ebenen Dreiecken mußte unter den gegebenen Stücken immer eine Seite sein; die beiden schiefen Winkel ergänzen einander zu 90° und galten daher nur für ein Datum. Beides ist hier nicht der Fall, sondern man kann ohne Unterschied jede drei Stücke in Frage stellen (§. 96). Da nun außer dem rechten Winkel noch 5 Begrenzungselemente vorhanden sind (3 Seiten und 2 Winkel), so erhält man $\frac{5.4.3}{1.2.3} = 10$ verschiedene Fälle. Diese reduciren sich aber auf 6 eigentlich verschiedene.

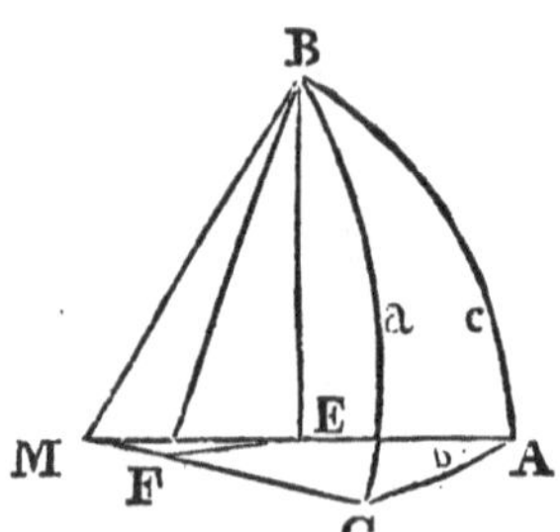

215. Bezeichnen wir das bei A rechtwinklige Dreieck mit ABC und die den gleichnamigen Winkeln gegenüberliegenden Seiten mit a, b, c, so lassen sich diese Fälle folgendermaßen anordnen. — Es können in Frage gestellt sein:

Erster Fall: die 3 Seiten. Hier giebt es keine untergeordneten Fälle; es müssen stets sein:

1, a, b, c.

Zweiter Fall: 2 Seiten und 1 Winkel. Hier können die in Frage gestellten Stücke entweder

die Hypotenuse, Kathete und der eingeschlossene Winkel

2, a, b, C oder a, c, B

oder die Hypotenuse, Kathete und der ihr gegenüberliegende Winkel

3, a, c, C oder a, b, B

oder beide Katheten und ein Winkel

4, b, c, C oder b, c, B sein.

Dritter Fall: eine Seite und 2 Winkel. Hier kann die mit in Frage gestellte Seite sein entweder:

eine Kathete

5, b, B, C oder c, B, C

oder die Hypotenuse

6, a, B, C.

Von diesen 6 Fällen begreifen die 4 mittleren jeder 2 untergeordnete durchaus nicht wesentlich verschiedene Fälle unter sich.

216. Es seien die drei Winkelpuncte des bei A rechtwinkligen sphärischen Dreiecks mit dem Mittelpuncte der Kugel M verbunden. Man fälle von B ein Perpendikel BF auf MC; von F errichte man FE auch auf MC senkrecht, so ist BFE der Neigungswinkel der Ebenen BMC, und AMC, mithin den sphärischen Winkel bei C gleich. Legt man durch B, F und E eine Ebene, so ist dieselbe auf der Linie MC, mithin auf der Ebene AMC senkrecht, und da auch AMB wegen des rechten Winkels bei A darauf senkrecht ist, so muß es auch ihr Durchschnitt BE sein. Die Dreiecke BEF und BME sind daher bei E rechtwinklig.

Die Linien BF, FE, BE fallen stets in dasjenige rechtwinklige Dreieck, dessen übrige Begrenzungselemente spitz sind (213). Dieses wird also eigentlich immer aufgelöst, und daraus die übrigen nach 180 abgeleitet. Es läßt sich aber, am einfachsten durch eine vollständige Induction, leicht nachweisen, daß die Formeln selbst die Beschaf-

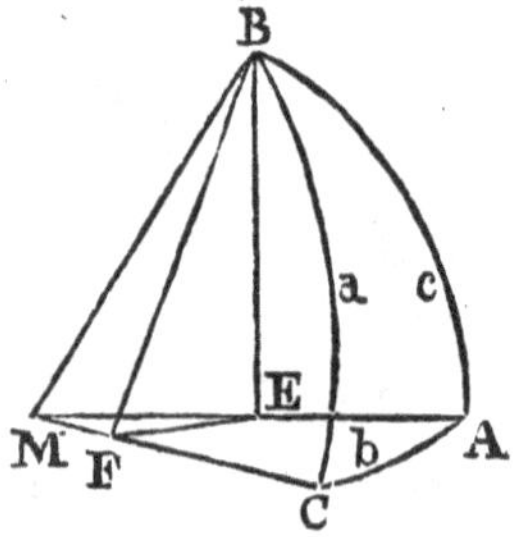

fenheit des gesuchten Stückes richtig angeben, wenn es durch die Data wirklich bestimmt ist, und wenn man diesen die richtigen Vorzeichen giebt.

Aufg. 1. Die Bestandtheile des sphärischen Dreiecks ABC durch die ebenen und Neigungswinkel der Ecke bei M einzeln anzugeben; z. B. a ist das Maaß des ebenen Winkels BMC etc.

Aufg. 2. Die Seiten der Dreiecke BEF und MFE als Functionen der Seiten und Winkel des sphärischen Dreiecks, imgleichen den Winkel BFE = C und AMC = b durch diese Functionen auszudrücken, wenn der Halbmesser der Kugel = 1 gesetzt wird; z. B.

$$ME = \cos c,\quad MF = \cos a,\quad FE = ME \sin b = \cos c . \sin b =$$
$$\cos a . \operatorname{tang} b;\quad \operatorname{tang} AMC = \frac{FE}{MF} = \frac{\cos c . \sin b}{\cos a} = \operatorname{tang} b \text{ etc.}$$

Vergleiche §. 31.

217. Es seien nun zuerst die 3 Seiten a, b, c in Frage gestellt. — In dem bei F rechtwinkligen Dreiecke MEF ist

$$\cos AMC = \frac{MF}{ME} = \frac{\cos a}{\cos c} = \cos b$$

oder

$$1,\quad \cos a = \cos b . \cos c.$$

Die Gleichung lehrt eine beliebige Seite aus den beiden übrigen finden. Die gesuchte Seite wird spitz oder stumpf gefunden, je nachdem die beiden andern gleichartig oder ungleichartig sind, in Uebereinstimmung mit 212.

218. Es seien ferner die Hypotenuse, die eine Kathete und der eingeschlossene Winkel in Frage gestellt; a, b, C. In dem bei E rechtwinkligen Dreiecke BFE ist:

$\cos BFE = \frac{FE}{BF}$. Es ist aber $FE = MF . \operatorname{tang} b = \cos a . \operatorname{tang} b$

mithin $\cos BFE = \frac{\cos a . \operatorname{tang} b}{\sin a} = \operatorname{cotg} a . \operatorname{tang} b$, d. h.

$$2,\quad \cos C = \operatorname{cotg} a . \operatorname{tang} b.$$

Eben so erhält man

$$\cos B = \cot g\, a \,.\, \tan g\, c.$$

Es gilt für diese Formel die nämliche Bemerkung wie für die vorige, da B und b gleichartig sind (211)

219. Es sei die Hypotenuse, eine Kathete, und der ihr gegenüberliegende Winkel in Frage gestellt a, c, C. Im Dreieck BFE hat man sogleich

$$\sin BFE = \frac{BE}{BF}, \text{ d. h. } \sin C = \frac{\sin c}{\sin a}$$

oder

$$3, \quad \sin c = \sin a \,.\, \sin C$$

und eben so

$$\sin b = \sin a \,.\, \sin B.$$

Wird hier ein Winkel oder eine Kathete gesucht, so entscheidet sich deren Beschaffenheit (ob spitz oder stumpf) dadurch, daß sie mit dem gegenüberliegenden Stücke gleichartig ist. Dagegen bleibt die Hypotenuse zweideutig.

220. Es sind beide Katheten und ein Winkel in Frage gestellt b, c, C. Im Dreieck BFE ist:

$$\tan g\, BFE = \frac{BE}{FE}; \quad \text{aber} \quad FE = ME \,.\, \sin b = \cos c \,.\, \sin b,$$

mithin ist

$$\tan g\, BFE = \frac{\sin c}{\cos c \,.\, \sin b}; \quad \text{d. h.} \quad \tan g\, C = \frac{\tan g\, c}{\sin b}$$

oder

$$4, \quad \sin b = \tan g\, c \,.\, \cot g\, C$$

und eben so

$$\sin c = \tan g\, b \,.\, \cot g\, B.$$

Hier kann nur für diejenige Kathete, welche dem mit in Frage gestellten Winkel nicht gegenüberliegt, wenn sie gesucht wird, eine Zweideutigkeit eintreten. Von den beiden andern ergiebt auch die Formel in Uebereinstimmung mit 211, daß sie mit dem gegenüberliegenden gleichartig sind, da sin b stets positiv ist (25).

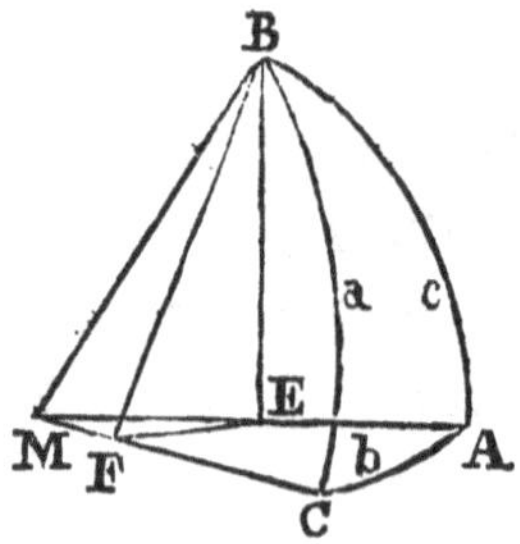

221. Es sind beide Winkel und eine Kathete in Frage gestellt, b, B, C. Da man zwar jeden einzelnen, aber nicht beide sphärische Winkel zugleich in einem ebenen rechtwinkligen Dreiecke haben kann, so müssen wir hier auf die frühern Formeln zurückgehen. Aus 3 ist:

$$\sin b = \sin a \,.\, \sin B$$

$$\sin c = \sin a \,.\, \sin C.$$ Dividirt man, so wird

$$\frac{\sin b}{\sin c} = \frac{\sin B}{\sin C}$$

Hier ist die Function einer der Katheten, $\sin b$ oder $\sin c$ zu eliminiren, indem man sie durch die übrigen in der Formel schon vorhandenen Stücke ausdrückt. Substituirt man den Werth von $\sin c$ aus 4, so wird

$$\frac{\sin b}{\text{tang}\, b \,.\, \cot g\, B} = \frac{\sin B}{\sin C}$$

woraus nach §. 37

$$\cos b = \frac{\cos B}{\sin C}$$

oder

$$5, \quad \cos B = \cos b \,.\, \sin C$$

und eben so

$$\cos C = \cos c \,.\, \sin B.$$

Eine Zweideutigkeit kann hier wieder nur dann statt finden, wenn das unter der Functionalform des Sinus stehende Stück gesucht wird.

222. Endlich können noch die beiden Winkel und die Hypotenuse in Frage gestellt werden, a, B, C. Aus 2 hat man:

$$\tang b = \tang a \, . \cos C$$ und aus 4

$$\tang b = \sin c \, . \tang B,$$ daher

$$\sin c \, . \tang B = \tang a \, . \cos C.$$

Hier ist $\sin c$ zu eliminiren, indem man es aus 3, durch a und C ausdrückt:

$$\sin a \, . \sin C \, . \tang B = \tang a \, . \cos C.$$

Man erhält hierdurch, wenn man nach §. 37. reducirt,

$$6, \quad \cos a = \cotg B \, . \cotg C.$$

Die Beschaffenheit des gesuchten Stücks ergiebt sich hier, wie es nach 212 auch sein muß, allemal ohne alle Zweideutigkeit.

223. Vergleicht man die Fälle, bei denen eine Zweideutigkeit statt findet, so sieht man leicht, daß sie nur dann eintreten kann, wenn die gegebenen Stücke gegenüberliegende sind. In diesem Falle enthält nämlich dasjenige Nebendreieck, welches mit dem andern die gegebene Linie gemein hat (nach 179 und 180), auch den gegebenen Winkel. Die Data entscheiden also zwischen diesen beiden Dreiecken nicht

224. Wir wollen die gefundenen Formeln zur Auflösung der rechtwinkligen Dreiecke hier nun zusammenstellen.

1,	$\cos a = \cos b \, . \cos c$
2,	$\cos C = \cotg a \, . \tang b$
	$\cos B = \cotg a \, . \tang c$
3,	$\sin c = \sin a \, . \sin C$
	$\sin b = \sin a \, . \sin B$
4,	$\sin c = \tang b \, . \cotg B$
	$\sin b = \tang c \, . \cotg C$
5,	$\cos C = \cos c \, . \sin B$
	$\cos B = \cos b \, . \sin C$
6,	$\cos a = \cotg B \, . \cotg C$

Vergleicht man diese Formeln unter einander, so sieht man bald, daß das auf der linken Seite des Gleichheitszeichens allein stehende Stück stets durch das Sinusverhältniß, und zwar bei den meisten durch den Cosinus eingeführt ist. Nur die beiden Katheten b und c kommen unter der Functionalform des Sinus vor. Setzt mna statt der Katheten ihre Ergänzung zu 90°, so wird die linke Seite der Gleichung ohne Ausnahme der Cosinus sein.

225. Die rechte Seite der Gleichung ist stets ein Product zweier Winkelfunctionen, welche in der 1sten, 3ten und 5ten durch das Sinusverhältniß, in der 2ten, 4ten und 6ten durch das Tangentenverhältniß eingeführt sind. Vergleichen wir die in den drei letztern in Frage gestellten Stücke am Dreieck selbst, so finden wir, daß sie in ununterbrochener Folge an einander liegen, und daß das links stehende Stück allemal das mittlere ist, wobei jedoch der rechte Winkel A gar nicht als ein trennendes Stück gerechnet werden darf. Noch bequemer übersieht man dieses, wenn man die Buchstaben ohne das Dreieck, jedoch in derselben Folge, in einen Kranz zusammenschreibt. — In der 1sten, 3ten und 5ten Gleichung liegen dagegen nur 2 der in Frage gestellten Stücke beisammen, das dritte, welches man auch hier das mittlere nennen könnte, liegt dagegen von beiden getrennt. In der 1sten Gleichung z. B. liegen b und c beisammen, a liegt von beiden getrennt, und ist das mittlere Stück.

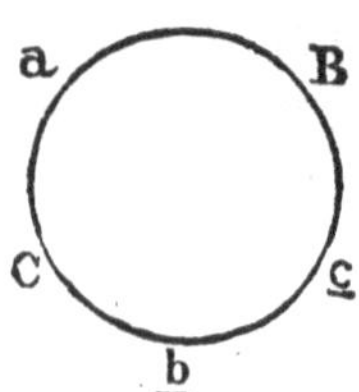

226. Eine fernere Vergleichung lehrt, daß die Factoren, aus denen die rechte Seite der 1sten, 3ten und 5ten Gleichung besteht, meistentheils durch die Sinus eingeführt sind, und daß nur die Katheten b und c als Cosinus darin vorkommen. Eben diese Stücke aber waren es, für welche wir schon oben ihre Complemente zu 90° gebraucht haben. Geschieht das auch hier, so besteht die rechte Seite der Gleichung ohne Ausnahme aus dem Producte zweier Sinus.

227. Wenn endlich in der 2ten, 4ten und 6ten Formel eben so statt jeder Kathete ihr Complement, statt ihrer Function also die ihr coordinirte eingeführt wird, so besteht die rechte Seite wieder ohne Ausnahme aus dem Producte zweier Cotangenten.

228. Hieraus ergiebt sich also folgende allgemeine Regel zur Auflösung der rechtwinkligen sphärischen Dreiecke.

Man setze für die Katheten ihre Complemente zu 90°, so ist der Cosinus des mittlern Stücks gleich dem Producte aus den Sinus der abgesonderten, und den Cotangenten der anliegenden Stücke.

Diese Regel, welche man die Nepersche nennt, umfaßt alle bei der Auflösung der rechtwinkligen Dreiecke vorkommenden Formeln.

Das Quadrantendreieck.

229. Das Polardreieck eines rechtwinkligen sphärischen Dreiecks muß eine Seite enthalten, welche den rechten Winkel zu 180° ergänzt, d. h. einen Quadranten (193). Ein solches Dreieck wird ein Quadrantendreieck genannt. — Umgekehrt ist also auch das Polardreieck eines Quadrantendreiecks ein rechtwinkliges (192).

230. Hiernach bedarf es zur Auflösung der Quadrantendreiecke gar keiner neuen Formeln, indem man sich stets der Formeln für das rechtwinklige Dreieck bedient, und diese auf dasjenige rechtwinklige Dreieck anwendet, welches das Polardreieck des gegebenen ist. Das gefundene Stück hat man dann

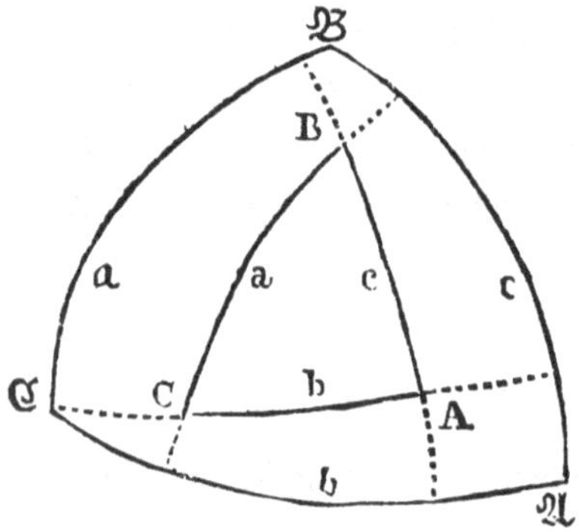

noch von 180° abzuziehen. — Es sei z. B. 𝔄𝔅ℭ ein Quadrantendreieck, 𝔅ℭ = a der Quadrant, und ABC sein Polardreieck, so ist A = 90°, weil a + A = 180°. Gesetzt es wären nun 𝔄, 𝔅, ℭ in Frage gestellt, und es sollte zwischen diesen Stücken eine Gleichung gefunden werden, so hat man in seinem Polardreieck a = 180° — 𝔄; b = 180° — 𝔅; c = 180° — ℭ, und da (nach 228) cos a = cos b . cos c, so wird cos (180 — 𝔄) = cos (180 — 𝔅) . cos (180 — ℭ) oder — cos 𝔄 = cos 𝔅 . cos ℭ. — Nebenwinkel haben gleiche trig. Functionen, und unterscheiden sich, mit Ausnahme des Sinus und der Cosecante, nur durch das entgegengesetzte Zeichen. Dieses bleibt aber für die rechte Seite der Gleichung ohne Einfluß. — Es versteht sich, daß man beim Gebrauche das gesuchte Stück ohne alles Vorzeichen einführt, indem seine Beschaffenheit durch die Gleichung selbst erst ermittelt werden soll. Wenn in der obigen Gleichung also 𝔄 zu suchen wäre, so heißt sie cos 𝔄 = — cos 𝔅 . cos ℭ. Die Nichtbeachtung dieser Regel führt zu allerlei Verwirrung.

231. Es bleibt zwar am einfachsten sich zur Auflösung des Quadrantendreiecks des Polardreiecks zu bedienen, indeß hat es auch keine Schwierigkeit, die Gleichungen für dasselbe unmittelbar aufzustellen, sie gewissermaßen aus denen für das rechtwinklige Dreieck nur abzulesen, und die Nepersche Regel für das Quadrantendreieck umzugestalten.

1,	$\cos\mathfrak{A} = -\cos\mathfrak{B}\,.\,\cos\mathfrak{C}$
2,	$\cos c = -\mathrm{cotg}\,\mathfrak{A}\,.\,\mathrm{tang}\,\mathfrak{B}$
	$\cos b = -\mathrm{cotg}\,\mathfrak{A}\,.\,\mathrm{tang}\,\mathfrak{C}$
3,	$\sin\mathfrak{C} = \sin\mathfrak{A}\,.\,\sin\mathfrak{C}$
	$\sin\mathfrak{B} = \sin\mathfrak{A}\,.\,\sin\mathfrak{B}$
4,	$\sin\mathfrak{C} = \mathrm{tang}\,\mathfrak{B}\,.\,\mathrm{cotg}\,b$
	$\sin\mathfrak{B} = \mathrm{tang}\,\mathfrak{C}\,.\,\mathrm{cotg}\,c$
5,	$\cos c = \cos\mathfrak{C}\,.\,\sin b$
	$\cos b = \cos\mathfrak{B}\,.\,\sin c$
6,	$\cos\mathfrak{A} = -\mathrm{cotg}\,b\,.\,\mathrm{cotg}\,c.$

Nepersche Regel.

Setzt man statt der Functionen für die dem Quadranten anliegenden Winkel die ihnen coordinirten, so ist:

der Cosinus des mittlern Stücks gleich dem Product aus den Sinus der abgesonderten, und aus den Cotangenten der anliegenden Stücke. Das Zeichen des gesuchten Stücks ist negativ, wenn alle 3 wiederhergestellten Functionen im 2ten Quadranten negativ werden.

Es versteht sich, daß hier der Quadrant nicht als ein trennendes Stück gerechnet wird.

---

232. Das gleichschenklige Dreieck kann, eben so wie das Dreieck mit Supplementarseiten, nach den Regeln für das rechtwinklige Dreieck aufgelöst werden, und bedarf es dazu keiner besondern Regeln, sondern bloß einiger Aufmerksamkeit, um die in Frage gestellten Stücke auf das rechtwinklige Dreieck zu übertragen, und das Gefundene wieder in das gleichschenklige oder Supplementardreieck zurückzuversetzen. Sie bieten daher einen angemessenen Stoff zu Uebungen dar, und es wird genügen hier einige Beispiele zu geben.

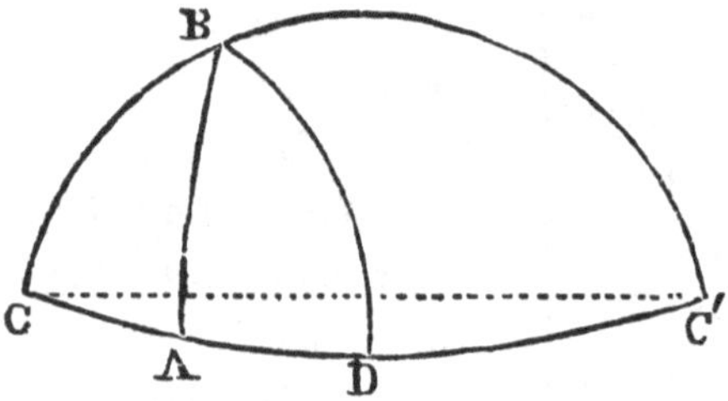

Beispiel 1. Im gleichschenkligen Dreieck BCD sei einer der gleichen Schenkel BC und die Basis CD gegeben; man sucht die übrigen Stücke. — Man fälle den Perpendikelbogen AB, so kennt man im rechtwinkligen Dreiecke ABC, BC und $AC = \frac{1}{2} CD$. Sucht man nun den Winkel C an der Basis, so sind im rechtwinkl. Dr. BC, C und AC, also anliegende Stücke in Frage gestellt und man hat nach der Neperschen Regel $\cos C = \cot g\, BC \,.\, \tan g\, AC$. Wird $\angle DBC$ gesucht, so sind im rechtwinkligen Dr. BC, AC und $ABC = \frac{1}{2} DBC$ in Frage gestellt. Dies sind abgesonderte, und AC ist das mittlere Stück. Man hat daher: nach der Neperschen Regel $\sin AC = \sin BC \,.\, \sin ABC$ oder $\sin \frac{1}{2} CD = \sin BC \,.\, \sin \frac{1}{2} DBC$, woraus $\sin \frac{1}{2} DBC = \frac{\sin \frac{1}{2} CD}{\sin BC}$.

Beisp 2. Im Supplementardreieck BC′D sei die nicht supplementare Seite C′D und der gegenüberliegende Winkel gegeben; man sucht die übrigen Stücke. — Man verlängere die Seiten C′D und C′B bis zu ihrem Durchschnitte in C, und fälle aus B den Perpendikelbogen AB, so kennt man im rechtwinkligen Dreiecke ABC zuerst $AC = \frac{1}{2} CD = \frac{1}{2}(180 - C'D) = 90^\circ - \frac{1}{2} C'D$, ferner $ABC = \frac{1}{2} DBC = 90^\circ - \frac{1}{2} DBC'$. Man erhält, unter Anwendung der Neperschen Regel, wenn man zuerst BC sucht, $\sin AC = \sin BC \,.\, \sin ABC$, woraus $\sin BC = \frac{\sin AC}{\sin ABC}$, mithin $\sin BD = \frac{\cos \frac{1}{2} C'D}{\cos \frac{1}{2} DBC'} = \sin BC'$. Auf ähnliche Weise findet man $\sin BCD = \frac{\sin \frac{1}{2} DBC'}{\sin \frac{1}{2} DC'} = \sin BDC'$. Das Dreieck ist nicht zweideutig, wie es das rechtwinklige uud gleichschenklige aus den entsprechenden Stücken sein würde. Man erfindet sich leicht eine einfachere Bezeichnung, wodurch man die Stücke des gleichschenkligen oder Supplementardreiecks auf das rechtwinklige Dreieck überträgt und so in den Kranz schreibt (225). Man kann dann die Gleichungen aus dem rechtwinkligen Dreieck unmittelbar herlesen.

Einen ferneren Stoff zu Uebungen gewähren schon die ersten Sätze der Astronomie und mathematischen Geographie, unter denen auch Beispiele mit bestimmten Zahlen nicht fehlen dürfen.

Auflösung schiefwinkliger Dreiecke mittelst der rechtwinkligen.

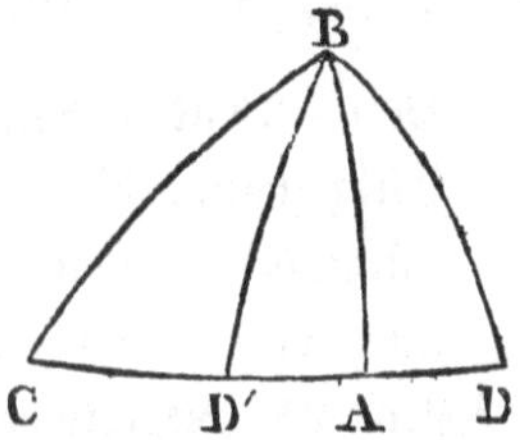

233. Wenn man aus der Spitze eines beliebigen Winkelpuncts B eines sphärischen Dreiecks BCD einen Perpendikelbogen BA auf die gegenüberstehende Seite fällt, so erhält man 2 rechtwinklige Dreiecke, deren man sich zur Auflösung des gegebenen schiefwinkligen Dreiecks bedienen kann. — Ob der Perpendikelbogen innerhalb des Dreiecks fällt, ob er also die gegenüberliegende Seite selbst, oder nur deren Verlängerung trifft, hängt davon ab, ob die beiden Winkel des Dreiecks, welche an der Basis CD liegen, gleichartig oder ungleichartig sind (211).

Da sich 2 größte Kreise stets in 2 Puncten schneiden, so giebt es eigentlich immer 2 supplementare Perpendikelbogen. Sind die Winkel an der Basis gleichartig, so kann man stets den innerhalb des Dreiecks fallenden verstehen, welcher kleiner oder größer als 90° ist, je nachdem die Winkel an der Basis spitz oder stumpf sind. Sind sie ungleichartig, so nehmen wir stets den auf die Seite des stumpfen Winkels fallenden, welcher kleiner als 90° ist.

234. Um nun mittelst der beiden rechtwinkligen Dreiecke zur Auflösung des schiefwinkligen zu gelangen, drücke man den Perpendikelbogen AB, welcher beiden gemein ist, aus jedem derselben übereinstimmig aus, so jedoch, daß in diesem Ausdrucke wenigstens Eine Seite, oder Ein Winkel des Dreiecks BCD ist, und setze diese Ausdrücke einander gleich. Dies

kann, wie sich sehr leicht ergiebt, auf fünffache Weise geschehen, nämlich:

1,	durch	d	und	C	und im andern Dreieck durch			c	und	D
2,	=	C	=	AC	=	=	=	=	=	D	=	AD
3,	=	d	=	ABC	=	=	=	=	=	c	=	ABD
4,	=	d	=	AC	=	=	=	=	=	c	=	AD
5,	=	C	=	ABC	=	=	=	=	=	D	=	ABD.

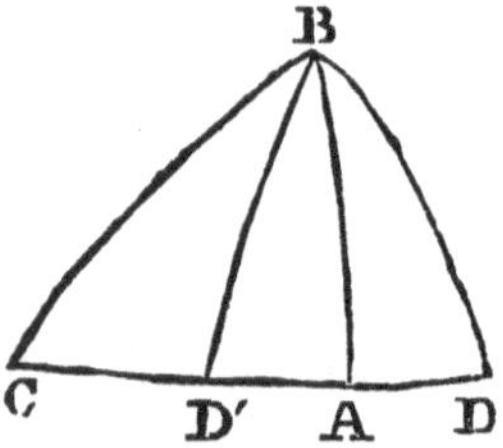

235. Man erhält dadurch folgende 5 Gleichungen, die wir nach den vorstehenden Complexionen durchgehen wollen, und die man am besten als Proportionen ausdrückt.

Compl. d und C; $\sin AB = \sin d \, . \sin C = \sin c \, . \sin D$, mithin

$$1, \quad \sin c : \sin d = \sin C : \sin D.$$

Compl. C und AC; $\sin AC = \operatorname{cotg} C \, . \operatorname{tang} AB$, mithin

$$\operatorname{tang} AB = \sin AC \, . \operatorname{tang} C = \sin AD \, . \operatorname{tang} D,$$

daher

$$2, \quad \sin AC : \sin AD = \operatorname{tang} D : \operatorname{tang} C.$$

Compl. d und ABC; $\cos ABC = \operatorname{cotg} d \, . \operatorname{tang} AB$

$$\operatorname{tang} AB = \cos ABC \, . \operatorname{tang} d = \cos ABD \, . \operatorname{tang} c$$

$$3, \quad \cos ABC : \cos ABD = \operatorname{tang} c : \operatorname{tang} d.$$

Compl. d und AC; $\cos d = \cos AC \, . \cos AB$

$$\cos AB = \frac{\cos d}{\cos AC} = \frac{\cos c}{\cos AD}$$

$$4, \quad \cos AC : \cos AD = \cos d : \cos c.$$

Compl. C und ABC; $\cos C = \sin ABC \, . \cos AB$

$$\cos AB = \frac{\cos C}{\sin ABC} = \frac{\cos D}{\sin ABD}$$

$$5, \quad \sin ABC : \sin ABD = \cos C : \cos D.$$

236. Hierbei ist die Lage der Theilstücke (CB, DA, CBA, DBA), wie sie bei dem innerhalb fallenden Perpendikel erscheint, als die positive angenommen. Die Winkel an der Spitze, und die Abschnitte der Basis erscheinen hierbei, erstere durch eine Drehung des größten Kreises um den nach B gehenden Kugeldurchmesser (175), letztere durch eine Schwenkung des Radius bis zum Perpendikel gegen das Dreieck hin erzeugt. — Fällt nun das Perpendikel außerhalb des Dreiecks, so ist der Sinn der Schwenkung von BD gegen BA der entgegengesetzte — von dem Dreieck hinweg — und das Product derselben, der Winkel DBA und der Bogen DA müssen daher, in Beziehung auf den angenommenen positiven Sinn der Schwenkung, als negativ betrachtet werden (§. 64—66). Zugleich ist der Winkel ADB der Nebenwinkel von D(=BDC) und muß zum Ausdruck von AB im Dreieck ABD gebraucht werden. Beachtet man diese Verhältnisse, und giebt den Functionen der negativen Stücke, so wie denen der Nebenwinkel die entsprechenden Zeichen (§. 77.), so überzeugt man sich durch eine vollständige Induction leicht von der allgemeinen Gültigkeit der aufgestellten Proportionen.

Aufg. 1. Es sind die obigen 5 Proportionen für die Fig. BDC so aufzustellen, daß jedes Glied sein zugehöriges Zeichen erhält. Zugleich ist anzugeben, in welchen Fällen die Lage eines gesuchten Theilstücks durch die 3 übrigen in der Proportion vorkommenden Stücke bestimmt ist, und in welchen sie unbestimmt bleibt.

Aufg. 2. Es ist zu zeigen, wie man aus den Datis §. 198, 99, 202 und 3 die fehlenden Stücke des Dreiecks mittelst der 5 Prop. herbeischaffen kann. Es ist z. B., wenn in 198 bCd gegeben sind, AC, AB und ABC aus dem Dreieck ABC zu erhalten; ferner ist AD = b — AC; aus AB und AD erhält man dann c, D und ABD, woraus B = ABC + ABD gefunden wird. — In den beiden letzten

Fällen (§. 202 und 3) ist auf die beiden Figuren §. 235 Rücksicht zu nehmen.

Uebersicht der verschiedenen Fälle, welche bei der directen Auflösung der schiefwinkligen sphärischen Dreiecke vorkommen können.

237. Von den in §. 235 entwickelten Proportionen giebt nur die erste Verhältnisse zwischen den Seiten und Winkeln des schiefwinkligen Dreiecks selbst an. In den übrigen kommen Theilstücke vor. Um nun Gleichungen zwischen den Seiten und Winkeln des schiefwinkligen Dreiecks selbst zu erhalten, müssen jene Theilstücke weggeschafft werden. Dies geschieht dadurch, daß man das eine durch das andere mittelst des Ganzen (z. B. AD durch AC mittelst b, nämlich AD = b — AC) ausdrückt. In der entstehenden Gleichung ist dann nur noch Ein Theilstück enthalten, welches nun mittelst der ungetheilten Seite und des ungetheilten Winkels aus dem rechtwinkligen Dreieck, in welchem es liegt, herbeigeschafft werden kann. Die gefundene Gleichung ist brauchbar, wenn nicht mehr als 4 Stücke des Dreiecks darin vorkommen.

238. Da in der Rechnung jedes fehlende Stück eines Dreiecks einzeln gesucht werden muß, so bleiben jedesmal, wenn das Dreieck durch 3 gegebene Stücke bestimmt ist, eben so viele zu suchen übrig. Geht man hiernach die Sätze 198 — 203 durch, so findet man, daß es für die Rechnung 12 eigentlich verschiedene Fälle giebt. — Sind nämlich gegeben

2 Seiten und der Zwischenwinkel, so kann gesucht werden:

1, einer von den beiden übrigen Winkeln,

2, die dritte Seite;

eine Seite und die anliegenden Winkel:

3, eine der beiden übrigen Seiten,

4, der dritte Winkel;

die drei Seiten:

5, einer von den Winkeln;

die drei Winkel:

6, eine von den Seiten;

2 Seiten und der Winkel, welcher der einen gegenüber liegt:

7, die dritte Seite,

8, der Winkel zwischen den gegebenen Seiten,

9, der Winkel, welcher der andern gegebenen Seite gegenüberliegt;

eine Seite ein anliegender, und der gegenüberliegende Winkel:

10, der dritte Winkel,

11, die Seite, welche zwischen den gegebenen Winkeln liegt,

12, die Seite, welche dem andern geg. Winkel gegenüber liegt.

239. In einer Gleichung, welche die Auflösung eines sphärischen Dreiecks zu ihrem Gegenstande hat, müssen eben so, wie bei ebenen Dreiecken (§. 96 sq.) 4 in Frage gestellte Stücke sein, und da jedes dieser Stücke als das gesuchte betrachtet werden kann, so dient sie zur Auflösung von 4 Aufgaben. Man übersieht hieraus schon, daß 3 solcher Gleichungen zur Auflösung der obigen 12 Aufgaben genügen können.

240. Da auch hier von den 6 Stücken, die im Dreieck vorkommen, zwei, als nicht in der Gleichung enthalten, fehlen, so kann man sich dieser zur Aufsuchung der verschiedenen Fälle wie in der ebenen Trig. bedienen. Es können aber fehlen:

entweder eine Seite und der ihr gegenüberliegende Winkel. — Die fehlenden Stücke trennen in diesem Falle die in der Gleichung enthaltenen in 2 gleiche Gruppen.

oder eine Seite und ein anliegender Winkel. Die in der Gleichung enthaltenen Stücke bilden in diesem Falle nur Eine Gruppe.

oder 2 Winkel, oder 2 Seiten. In beiden Fällen bilden die in der Gleichung enthaltenen Stücke zwei ungleiche Gruppen zu 3 und 1.

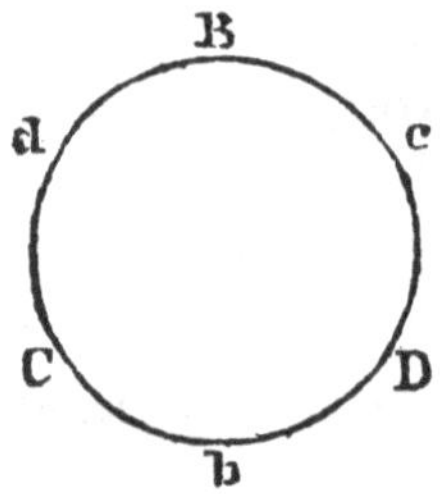

Anm. Zur leichtern Uebersicht stelle man sich die sämmtlichen Stücke in der Folge, wie sie im Dreieck liegen, in einen Kranz zusammen, wie nebenstehend.

Aufg. Die obigen 4 Fälle für die in der Gleichung enthaltenen Stücke wörtlich auszudrücken, und in Zeichen darzustellen. Bezeichnet man z. B. eine Seite mit s, einen Winkel mit w, und deutet ihre Lage durch die Stellung der Buchstaben an, so würden folgendes die 4 Fälle sein:

ssww, swsw, sssw, wwws.

Die in Frage gestellten Stücke bilden 2 gleiche Gruppen.

241. In diesem Falle fehlen in der Gleichung eine Seite und der ihr gegenüberliegende Winkel; es sind also in Frage gestellt zwei Seiten und die ihnen gegenüberliegenden Winkel. Die gesuchte Gleichung findet sich in der Proportion (§. 235 n. 1) schon vor. Es war:

$$\sin c : \sin d = \sin C : \sin D$$

d. h. die Sinus der Seiten eines sphärischen Dreiecks verhalten sich wie die Sinus der gegenüberliegenden Winkel.

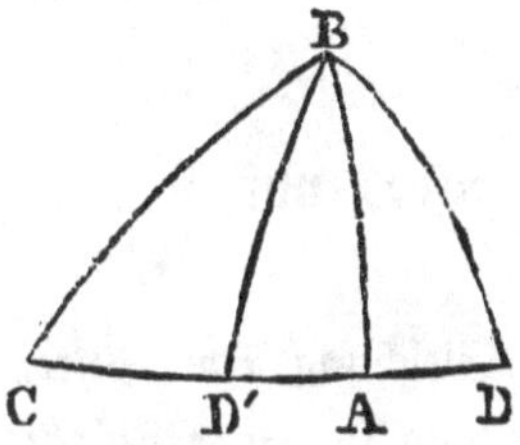

242. Man kann die Relation zwischen den Seiten und den ihnen gegenüberliegenden Winkeln auch so ausdrücken:

$$\text{(A)} \quad \frac{\sin b}{\sin B} = \frac{\sin c}{\sin C} = \frac{\sin d}{\sin D}$$

d. h. der Quotient des Sinus einer Seite durch den Sinus des ihr gegenüberliegenden Winkels ist für ein und dasselbe Dreieck eine beständige Größe.

243. Von den 4 in der Gleichung vorkommenden Größen kann eine jede durch die 3 übrigen mit gleicher Leichtigkeit ausgedrückt werden. Es sind daher, da je 2 derselben gleiche relative Lage haben, 2 Aufgaben (§. 238 n. 9 und 12) durch dieselbe gelöst. Die Formeln sind:

$$\sin C = \frac{\sin D \,.\, \sin c}{\sin d} \quad \text{§. 238 n. 9}$$

$$\sin c = \frac{\sin d \,.\, \sin C}{\sin D} \quad \text{§. 238 n. 12.}$$

Ob das Dreieck zweideutig sei oder nicht, und ob man im letztern Falle den zum Sinus gehörigen spitzen oder stumpfen Winkel zu nehmen hat, erkennt man am bequemsten, wenn man den Perpendikelbogen zwischen den nicht in Frage gestellten Stücken zieht, und nun alles nach §. 211, 212 beurtheilt.

Aufg. Wenn man, wie vorstehend, jedes Stück des Dreiecks durch das ihm gegenüberstehende, und noch durch 2 andere gegenüberstehende Stücke ausdrückt, so erhält man für jede Seite, und eben so für jeden Winkel 2 Ausdrücke, zusammen also 12 Gleichungen. Es sollen dieselben geordnet aufgestellt werden. So ist

$$\sin b = \frac{\sin c \,.\, \sin B}{\sin C} \quad \text{und} \quad \sin b = \frac{\sin d \,.\, \sin B}{\sin D} \quad \text{etc.}$$

(Man schreibt sie in der Ordnung, wie man sie in der Proportion lies't.)

Die in Frage gestellten Stücke bilden nur Eine Gruppe.

244. Aufg. Es fehlen in der Gleichung eine Seite, und der ihr anliegende Winkel; es sind also in Frage gestellt zwei Seiten, der zwischenliegende, und ein gegenüberliegender Winkel. Man soll eine Gleichung zwischen diesen in ununterbrochenem Zusammenhange stehenden Stücken aufstellen.

245. Vorbereitung. Nach der §. 237 gewiesenen Methode soll man die in Frage gestellten Stücke so legen, daß sie durch den Perpendikelbogen nicht getheilt sind. Die fehlenden Stücke werden daher, so weit es angeht, die getheilten sein müssen. Aber der Perpendikelbogen theilt jedesmal eine Seite, und den ihr gegenüberliegenden Winkel, und da hier eine Seite, und der ihr anliegende Winkel fehlt, so muß nothwendig eins der getheilten Stücke mit aufgenommen werden. — Zieht man den Perpendikelbogen von B auf b, so kann man entweder B mit einer anliegenden Seite, oder b mit einem anliegenden Winkel in der Gleichung fehlen lassen. — Mit den in Frage gestellten Stücken verfährt man dann nach 237. — Eine ähnliche Vorbereitung muß für die folgenden Aufgaben statt finden.

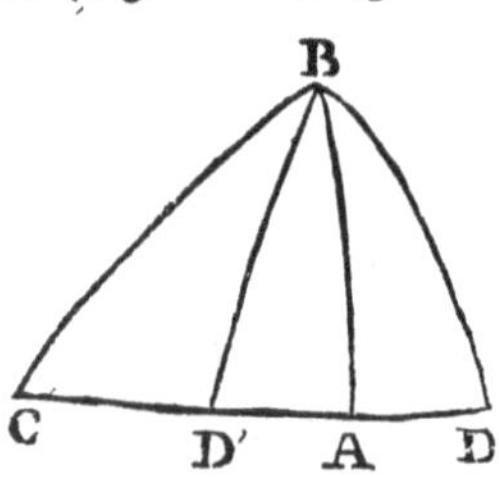

246. Es seien nun c, D, b, C die in Frage gestellten Stücke. Von diesen ist b durch den Perpendikelbogen BA getheilt, und besteht aus AC + AD. Man wird dadurch auf die Gleichung §. 235

n. 2 geführt, und behalte dasjenige Theilstück AD bei, welches mit der gegebenen Seite c in demselben rechtwinkligen Dreieck liegt, das andere Theilstück AC drücke man durch b — AD aus. Hat man dann die Gleichung so weit reducirt, daß AD nur unter Einer Functionalform vorkommt (wo möglich unter der der Tangente), so drücke man AD nach der Neperschen Regel durch c und D aus, und substituire den gefundenen Ausdruck für die Function von AD, wodurch c mit in die Gleichung gezogen wird.

247. Aufl. Aus §. 235 n. 2 ist, wenn man AC = b — AD setzt:

$$\sin(b - AD) : \sin AD = \tan D : \tan C$$

$$(\sin b . \cos AD - \cos b . \sin AD) : \sin AD = \tan D : \tan C. \quad (\text{F. } 12)$$

Dividirt man die beiden ersten Glieder der Proportion mit sin AD, um AD unter Eine Functionalform zu bringen, so wird:

$$\left(\frac{\sin b}{\tan AD} - \cos b\right) : 1 = \tan D : \tan C.$$

Nun ist im rechtwinkligen Dreieck ABD, wenn AD, D und c in Frage gestellt sind:

$$\cos D = \cot c . \tan AD$$

mithin

$$\tan AD = \cos D . \tan c.$$

Substituirt man diesen Werth in die obige Proportion, so wird:

$$\left(\frac{\sin b}{\cos D . \tan c} - \cos b\right) : 1 = \tan D : \tan C,$$

oder

$$(\sin b . \cot c - \cos b . \cos D) : \cos D = \tan D : \tan C \quad (\text{F. } 4)$$

Hieraus erhält man die gesuchte Gleichung

$$\sin D = \sin b . \cot c . \tan C - \cos b . \cos D . \tan C \quad (\text{F. } 7.)$$

welche man auch unter die Form stellen kann

$$\sin D . \cot g C + \cos b . \cos D = \sin b . \cot g c.$$

248. Aus dieser Gleichung kann man nun diejenigen Stücke, welche darin nur unter Einer Functionalform vorkommen, leicht allein schaffen, und durch die übrigen ausdrücken. Dies sind c und C, und man erhält:

$$\cot g c = \frac{\sin D . \cot g C + \cos b . \cos D}{\sin b} \quad (B')$$

$$\cot g C = \frac{\sin b . \cot g c - \cos b . \cos D}{\sin D} \quad (B).$$

Die Gleichung (B′) lehrt aus einer Seite und den beiden anliegenden Winkeln eine der beiden übrigen Seiten zu finden (§. 238 n. 3). Die Gleichung B aus 2 Seiten und dem eingeschlossenen Winkel einen der beiden andern Winkel zu finden (§. 238 n. 1).

249. Richtet man den Blick auf die in der Runde geschriebenen Elemente, so bemerkt man leicht, daß von den in Frage gestellten CbDc die hier gefundenen, C und c, die Grenzstücke sind. Entwickelt man Gleichungen, um auch die Mittelstücke b und D durch die übrigen auszudrücken, so fallen diese sehr zusammengesetzt aus, indem dazu die Auflösung einer unreinen quadratischen Gleichung erforderlich ist.

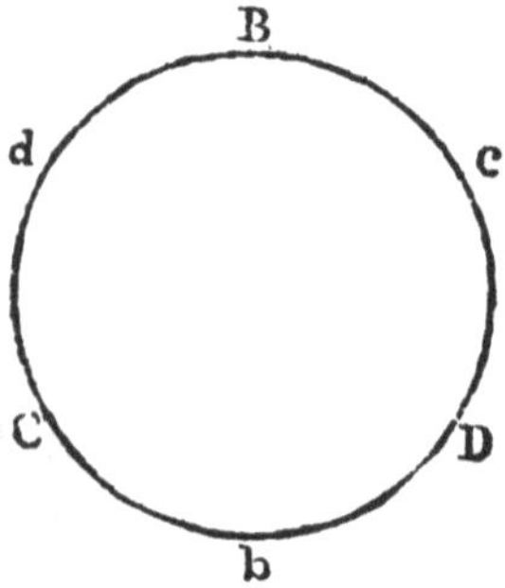

Aufg. 1. Die sämmtlichen durch Vertauschung der Seiten und Winkel möglichen Variationen der Formeln (B) und (B′) aufzustellen. Man lese, mit B anfangend, von jedem Winkel aus erst links, dann rechts in dem Kranze herum, und stelle für die erhaltene Complexion die entsprechende Gleichung für den Winkel auf. — Eben so verfahre man mit den Seiten.

Aufg. 2. Man betrachte $cBdC$ als die in Frage gestellten Stücke, lasse dem Perpendikel seine Lage, und entwickele die obigen Formeln, mittelst der Theilstücke des Winkels B, auf einem ähnlichen Wege.

Die in Frage gestellten Stücke bilden 2 ungleiche Gruppen.

250. Aufg. Es fehlen in der Gleichung 2 gleichartige Stücke, mithin sind in Frage gestellt 4 Stücke, von denen 3 beisammen liegen, und das 4te durch nicht in Frage gestellte Stücke getrennt ist. Es können demnach die 3 Seiten und ein Winkel, oder die 3 Winkel und eine Seite in Frage gestellt sein. Es sollen für diese Fälle Gleichungen aufgestellt werden.

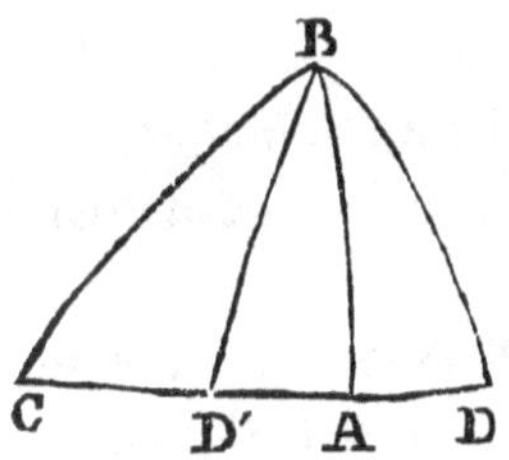

251. Aufl. Es seien $bcdD$ in Frage gestellt und b durch das Perpendikel getheilt in AC und AD. Man wird dadurch auf §. 235 n. 4 hingewiesen. Setzt man für AC sogleich $b - AD$, so ist:

$$\cos(b - AD) : \cos AD = \cos d : \cos c,$$

woraus

$$\cos AD . \cos d = \cos c (\cos b . \cos AD + \sin b . \sin AD),$$

oder

$$\cos d = \cos b . \cos c + \sin b . \cos c . \operatorname{tang} AD.$$

Nun ist im rechtwinkligen Dreieck ABD, wo AD, D und c in Frage gestellt sind, nach der Neperschen Regel

$$\cos D = \operatorname{cotg} c . \operatorname{tang} AD, \text{ mithin } \operatorname{tang} AD = \cos D . \operatorname{tang} c$$

daher

$$\cos d = \cos b . \cos c + \sin b . \sin c . \cos D \quad (C)$$

252. Sind dagegen BCDd in Frage gestellt, so wird durch das Perpendikel BA der Winkel B in die beiden Stücke

ABC und ABD getheilt, und man wird auf die Proportion 235 n. 5 hingewiesen. Man hat aus derselben

$$\cos D . \sin ABC = \cos C . \sin (B - ABC)$$
$$= \cos C . \sin B . \cos ABC - \cos C . \cos B . \sin ABC$$

mithin

$$\cos D = \cos C . \sin B . \operatorname{cotg} ABC - \cos C . \cos B.$$

Im rechtwinkligen Dreieck ABC ist nun nach Nep. Reg.

$\cos d = \operatorname{cotg} C . \operatorname{cotg} ABC$, daher $\operatorname{cotg} ABC = \cos d . \operatorname{tang} C$, daher (F. 7)

$$\cos D = \sin B . \sin C . \cos d - \cos B . \cos C \quad (D).$$

253. Dies sind die beiden in der Aufgabe geforderten Gleichungen. Die erste (C) ist sogleich für den Fall entwickelt, wenn man aus 2 Seiten und dem Zwischenwinkel die 3te Seite (§. 238 n. 2); die andere (D), wenn man aus 2 Winkeln und der Zwischenseite den 3ten Winkel sucht (238 n. 4). Blickt man auf die in die Runde geschriebenen Elemente, so sieht man, daß das hier entwickelte Glied in der Complexion das abgesonderte ist.

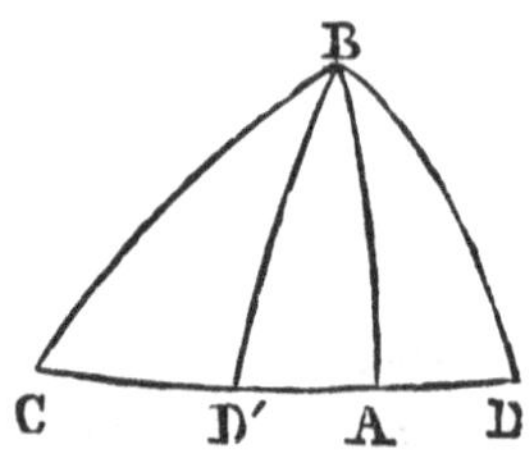

254. Auch das Mittelglied der größern Gruppe kann, da es nur unter einer Functionalform vorkommt, leicht herausgestellt werden. Man erhält dadurch aus (C)

$$\cos D = \frac{\cos d - \cos b . \cos c}{\sin b . \sin c} \quad (C').$$

Aus (D) ist

$$\cos d = \frac{\cos D + \cos B . \cos C}{\sin B . \sin C} \quad (D').$$

Hierdurch sind die Aufgaben, aus den 3 Seiten eines Dreiecks einen Winkel, — und aus den 3 Winkeln eine Seite zu finden gelöst (§. 238 n. 5 und 6). — Die beiden Grenz=

stücke der größern Gruppe, lassen sich wieder nicht ohne Bildung einer quadratischen Gleichung allein schaffen.

Aufg. Die 4 hier für eine Seite oder einen Winkel aufgestellten, und mit (C) (D) (C′) (D′) bezeichneten Formeln auch für die übrigen Seiten und Winkel geordnet aufzustellen.

255. Um in dem Falle, wenn von 4 zusammenhängenden Stücken eins der beiden mittlern (§. 249) oder bei 2 ungleichen Gruppen ein Grenzstück der größeren Gruppe (§. 254) gesucht wird, zum Ziele zu gelangen, könnte man sich der durch den Perpendikelbogen gebildeten rechtwinkligen Dreiecke bedienen. Es werde in der Complexion CbDc zuerst b, dann D durch die drei übrigen gesucht. Man erhält:

$$\tan AD = \cos D \cdot \tan c \quad \text{und} \quad \sin AC = \frac{\sin AD \cdot \tan D}{\tan C} \quad (235\ n.\ 2),$$

woraus

$$b = AC + AD \quad (238\ n.\ 11).$$

Im zweiten Falle müßte der Perpendikelbogen von D aus gefällt werden. Um die Figur beibehalten zu können, ändere man die Complexion in CdBc, und hat nun um B zu finden:

$$\cot ABC = \cos d \cdot \tan C$$

und

$$\cos ABD = \frac{\cos ABC \cdot \tan d}{\tan c} \quad (235\ n.\ 3),$$

woraus

$$B = ABC + ABD \quad (238\ n.\ 8).$$

Wenn bei 2 ungleichen Gruppen das gesuchte äußere Stück der größern Gruppe eine Seite ist, so hat man z. B. in der Complexion bcdD, wo bDc beisammen liegen, b durch folgende Gleichungen

$$\tan AD = \cos D \cdot \tan c \quad \text{und} \quad \cos AC = \frac{\cos AD \cdot \cos d}{\cos c} \quad (235\ n.\ 4),$$

woraus

$$b = AC + AD \quad (238\ n.\ 7).$$

Ist das gesuchte äußere Stück ein Winkel, wie B in der Complexion C, BcD, so ist

$$\cot ABD = \cos c \cdot \tan D \quad \text{und} \quad \sin ABC = \frac{\sin ABD \cdot \cos C}{\cos D} \quad (235\ n.\ 5),$$

woraus

$$B = ABC + ABD \quad (238\ n.\ 10).$$

Aufg. Die obigen 4 Auflösungen dadurch unter eine andere Form zu stellen, daß man das zuerst gefundene Theilstück mit φ, und das gesuchte Stück (x) des Dreiecks mit $x-\varphi$ bezeichnet. Die erste Auflösung würde nun so lauten: Man setze $\tan\varphi = \cos D . \tan c$, so ist $\sin(b-\varphi) = \frac{\sin\varphi . \tan D}{\tan C}$ etc.

Umwandlung dieser Formeln zur bequemern logarithmischen Bearbeitung.

256. Von den obigen für das schiefwinklige sphärische Dreieck gefundenen Formeln hat nur die erste (A) §. 242 eine solche Gestalt, wie man sie zur logarithmischen Bearbeitung wünschen muß. Den Formeln (C') und (D') (§. 254) läßt sich eine solche geben, wenn man sie von 1 subtrahirt, und zu 1 addirt. Es ist nämlich aus (C)

$$1-\cos D = 1-\frac{\cos d - \cos b . \cos c}{\sin b . \sin c} = \frac{\sin b . \sin c - \cos d + \cos b . \cos c}{\sin b . \sin c}$$

$$2\sin\tfrac{1}{2}D^2 = \frac{\cos b . \cos c + \sin b . \sin c - \cos d}{\sin b . \sin c}$$

$$= \frac{\cos(b-c) - \cos d}{\sin b . \sin c} \quad \text{F. 14 und 21}$$

$$(1) \quad \sin\tfrac{1}{2}D^2 = \frac{\sin\tfrac{1}{2}(b-c+d)\sin\tfrac{1}{2}(-b+c+d)}{\sin b . \sin c} \quad \text{F. 34}$$

$$1+\cos D = 1+\frac{\cos d - \cos b . \cos c}{\sin b . \sin c} = \frac{\sin b . \sin c + \cos d - \cos b . \cos c}{\sin b . \sin c}$$

$$2\cos\tfrac{1}{2}D^2 = \frac{\cos d - (\cos b . \cos c - \sin b . \sin c)}{\sin b . \sin c}$$

$$= \frac{\cos d - \cos(b+c)}{\sin b . \sin c} \quad \text{F. 13, 22}$$

$$(2) \quad \cos\tfrac{1}{2}D^2 = \frac{\sin\tfrac{1}{2}(b+c+d)\sin\tfrac{1}{2}(b+c-d)}{\sin b . \sin c} \quad \text{F. 34}$$

Aus diesen beiden Formeln erhält man durch Division:

$$(3)\quad \tan\tfrac{1}{2}D^2 = \frac{\sin\tfrac{1}{2}(b-c+d)\,.\,\sin\tfrac{1}{2}(-b+c+d)}{\sin\tfrac{1}{2}(b+c+d)\,.\,\sin\tfrac{1}{2}(b+c-d)}$$

oder

$$\tan\tfrac{1}{2}D = \sqrt{\left(\frac{\sin\tfrac{1}{2}(b-c+d)\,.\,\sin\tfrac{1}{2}(-b+c+d)}{\sin\tfrac{1}{2}(b+c+d)\,.\,\sin\tfrac{1}{2}(b+c-d)}\right)}.$$

Aufg. 2. Diese Formeln entsprechen den Formeln 81 bis 83 der ebenen Trigonometrie. Man soll einen Ausdruck für sin D suchen, um zu sehen, ob dieser der Formel 84 entsprechen werde.

Aufg. 2. Die Formeln (1)—(3) auch für die Winkel B und C aufzustellen, welches durch bloßes Weiterrücken der Buchstaben geschehen kann.

257. Setzt man $b+c+d=p$, so ist $b+c-d=p-2d$ etc., und man erhält:

$$\tan\tfrac{1}{2}D = \sqrt{\left(\frac{\sin(\tfrac{1}{2}p-b)\,.\,\sin(\tfrac{1}{2}p-c)}{\sin\tfrac{1}{2}p\,.\,\sin(\tfrac{1}{2}p-d)}\right)}.$$

Hat man alle 3 Winkel zu suchen, so bezeichne man die Logarithmen der Functionen mit einfachen Symbolen, etwa $\log\sin(\tfrac{1}{2}p-b)$ mit X, $\log\sin(\tfrac{1}{2}p-c)$ mit Y, $\log\sin(\tfrac{1}{2}p-d)$ mit Z, $\log\sin\tfrac{1}{2}p$ mit S, und es sei $X+Y+Z-S=P$, so wird

$$\log\tan\tfrac{1}{2}B = (Y+Z-X-S) = \tfrac{1}{2}P-X$$
$$\log\tan\tfrac{1}{2}C = (X+Z-Y-S) = \tfrac{1}{2}P-Y$$
$$\log\tan\tfrac{1}{2}D = (X+Y-Z-S) = \tfrac{1}{2}P-Z.$$

Hiernach läßt sich die Rechnung bequem führen.

Beisp.

$p = 68^\circ\,12'$

$\tfrac{1}{2}p = 34^\circ\,6'$

Es sei $b = 20^\circ\,32'$, $c = 31^\circ\,14'$, $d = 16^\circ\,26'$ } Data

$P = 17{,}8028031$

$\tfrac{1}{2}P = 8{,}9014015$

$\tfrac{1}{2}p-b = 13^\circ\,34'$; $\log\sin(\tfrac{1}{2}p-b) = 9{,}3702847 = X$

$\tfrac{1}{2}p-c = 2^\circ\,52'$; $\log\sin(\tfrac{1}{2}p-c) = 8{,}6990734 = Y$

$\tfrac{1}{2}p-d = 17^\circ\,40'$; $\log\sin(\tfrac{1}{2}p-d) = 9{,}4821283 = Z$

D. E. $\log\sin\tfrac{1}{2}p = 0{,}2513167 = 10-S$

$\tfrac{1}{2}B = 18^\circ\,45'\,48{,}''5$; $\log\tan\tfrac{1}{2}B = 9{,}5311168 = \tfrac{1}{2}P-X$

$\tfrac{1}{2}C = 57^\circ\,53'\,17{,}''8$; $\log\tan\tfrac{1}{2}C = 0{,}2023281 = \tfrac{1}{2}P-Y$

$\tfrac{1}{2}D = 14^\circ\,42'\,46{,}''8$; $\log\tan\tfrac{1}{2}D = 9{,}4192732 = \tfrac{1}{2}P-Z.$

258. Durch entsprechende Behandlung der Formel (D') erhält man:

$$\sin\tfrac{1}{2}d^2 = \frac{-\cos\tfrac{1}{2}(B+C+D)\cos\tfrac{1}{2}(B+C-D)}{\sin B\,.\,\sin C}$$

$$\cos\tfrac{1}{2}d^2 = \frac{\cos\tfrac{1}{2}(B-C+D)\,.\,\cos\tfrac{1}{2}(-B+C+D)}{\sin B\,.\,\sin C}$$

$$\tan\tfrac{1}{2}d^2 = \frac{-\cos\tfrac{1}{2}(B+C+D)\,.\,\cos\tfrac{1}{2}(B+C-D)}{\cos\tfrac{1}{2}(B-C+D)\,.\,\cos\tfrac{1}{2}(-B+C+D)}.$$

Hier führen der erste und letzte Ausdruck nicht auf imaginare Werthe für den Cosinus und die Tangente, da $B+C+D>180^\circ$, $\tfrac{1}{2}(B+C+D)>90^\circ$ ist (§. 187). $\cos\tfrac{1}{2}(B+C+D)$ ist, als Cosinus eines stumpfen Winkels, an sich negativ, und wird durch das vorgesetzte Minuszeichen erst wieder positiv. Um indeß das Minuszeichen zu beseitigen, und alles durch die Sinus auszudrücken, kann man sich der Gleichungen (Eb. T. §. 78)

$\cos x = \sin(x+90^\circ)$ und $-\cos x = \sin(x-90^\circ)$

bedienen, und erhält

$$(4)\quad \sin\tfrac{1}{2}d^2 = \frac{\sin\tfrac{1}{2}(B+C+D-180^\circ)\,.\,\sin\tfrac{1}{2}(B+C-D+180^\circ)}{\sin B\,.\,\sin C}$$

$$(5)\quad \cos\tfrac{1}{2}d^2 = \frac{\sin\tfrac{1}{2}(B-C+D+180^\circ)\,.\,\sin\tfrac{1}{2}(-B+C+D+180^\circ)}{\sin B\,.\,\sin c}$$

$$(6)\quad \tan\tfrac{1}{2}d^2 = \frac{\sin\tfrac{1}{2}(B+C+D-180^\circ)\,.\,\sin\tfrac{1}{2}(B+C-D+180^\circ)}{\sin\tfrac{1}{2}(B-C+D+180^\circ)\,.\,\sin\tfrac{1}{2}(-B+C+D+180^\circ)}.$$

Aufg. Die Formeln (4)—(6) auch für die Seiten b und c auszudrücken, imgleichen Formeln für den Sinus einer Seite durch die 3 Winkel zu suchen.

259. Drückt man die Formeln (1) und (2) §. 256, wie in Aufg. 2 gefordert ist, auch für die Winkel B und C aus, und multiplicirt dann je 2 mit einander, so erhält man:

$$\sin \tfrac{1}{2}C^2 . \sin \tfrac{1}{2}D^2 =$$

$$\frac{\sin \frac{1}{2}(-b+c+d) . \sin \frac{1}{2}(b+c-d) . \sin \frac{1}{2}(-b+c+d) . \sin \frac{1}{2}(b-c+d)}{\sin b . \sin d \; . \; \sin b . \sin c}$$

$$= \frac{\sin \frac{1}{2}(-b+c+d)^2}{\sin b^2} . \frac{\sin \frac{1}{2}(b-c+d) . \sin \frac{1}{2}(b+c-d)}{\sin c . \sin d}$$

$$= \frac{\sin \frac{1}{2}(-b+c+d)^2}{\sin b^2} . \sin \tfrac{1}{2}B^2 .$$

Zieht man nun die Quadratwurzel aus, bringt $\sin \frac{1}{2}B$ auf die linke Seite, und verfährt mit den übrigen Producten eben so, so wird:

$$1. \quad \frac{\sin \frac{1}{2}C . \sin \frac{1}{2}D}{\sin \frac{1}{2}B} = \frac{\sin \frac{1}{2}(-b+c+d)}{\sin b}$$

$$2. \quad \frac{\cos \frac{1}{2}C . \cos \frac{1}{2}D}{\sin \frac{1}{2}B} = \frac{\sin \frac{1}{2}(b+c+d)}{\sin b}$$

$$3. \quad \frac{\cos \frac{1}{2}C . \sin \frac{1}{2}D}{\cos \frac{1}{2}B} = \frac{\sin \frac{1}{2}(b-c+d)}{\sin b}$$

$$4. \quad \frac{\sin \frac{1}{2}C . \cos \frac{1}{2}D}{\cos \frac{1}{2}B} = \frac{\sin \frac{1}{2}(b+c-d)}{\sin b} .$$

Auf ähnliche Weise erhält man aus den Formeln 4 und 5, §. 258,

$$5. \quad \frac{\sin \frac{1}{2}c . \sin \frac{1}{2}d}{\cos \frac{1}{2}b} = \frac{\sin \frac{1}{2}(B+C+D-180^\circ)}{\sin B}$$

$$6. \quad \frac{\cos \frac{1}{2}c . \cos \frac{1}{2}d}{\cos \frac{1}{2}b} = \frac{\sin \frac{1}{2}(-B+C+D+180^\circ)}{\sin B}$$

$$7. \quad \frac{\sin \frac{1}{2}c . \cos \frac{1}{2}d}{\sin \frac{1}{2}b} = \frac{\sin \frac{1}{2}(B-C+D+180^\circ)}{\sin B}$$

$$8. \quad \frac{\cos \frac{1}{2}c . \sin \frac{1}{2}d}{\sin \frac{1}{2}b} = \frac{\sin \frac{1}{2}(B+C-D+180^\circ)}{\sin B} .$$

260. Wenn man die Gleichungen 1 und 2 des vorigen §. addirt, so wird

$$\frac{\cos \frac{1}{2}C . \cos \frac{1}{2}D + \sin \frac{1}{2}C . \sin \frac{1}{2}D}{\sin \frac{1}{2}B} = \frac{\sin \frac{1}{2}(b+c+d) + \sin \frac{1}{2}(-b+c+d)}{\sin b}$$

$$\frac{\cos\frac{1}{2}(C-D)}{\sin\frac{1}{2}B} = \frac{\sin\frac{1}{2}[(c+d)+b]+\sin\frac{1}{2}[(c+d)-b]}{\sin b} \quad \text{F. 14}$$

$$= \frac{2\sin\frac{1}{2}(c+d)\,.\,\cos\frac{1}{2}b}{2\sin\frac{1}{2}b\,.\,\cos\frac{1}{2}b} \quad \text{F. 27 und 17}$$

daher

$$\frac{\cos\frac{1}{2}(C-D)}{\sin\frac{1}{2}B} = \frac{\sin\frac{1}{2}(c+d)}{\sin\frac{1}{2}b}.$$

Subtrahirt man die Gleichung 1 von 2, und addirt und subtrahirt auch die Gleichungen 3 und 4, so wird, wenn man die erhaltenen Gleichungen mit Einschluß der vorigen als Proportionen schreibt, nach geschehener Reduction

$$\left.\begin{array}{ll} 1. & \sin\frac{1}{2}b:\sin\frac{1}{2}(c+d) = \sin\frac{1}{2}B:\cos\frac{1}{2}(C-D) \\ 2. & \cos\frac{1}{2}b:\cos\frac{1}{2}(c+d) = \sin\frac{1}{2}B:\cos\frac{1}{2}(C+D) \end{array}\right\}$$

$$\left.\begin{array}{ll} 3. & \sin\frac{1}{2}b:\sin\frac{1}{2}(c-d) = \cos\frac{1}{2}B:\sin\frac{1}{2}(C-D) \\ 4. & \cos\frac{1}{2}b:\cos\frac{1}{2}(c-d) = \cos\frac{1}{2}B:\sin\frac{1}{2}(C+D) \end{array}\right\}$$

Die beiden ersten sind der F. 94 der eb. Tr. analog, und vertreten dieselbe in der sphär. Tr. — Die beiden letzten vertreten eben so die F. 95. Sie führen den Namen der Gaußischen Gleichungen. — Aus den Gleichungen 5—8 erfolgen sie eben so.

261. Dividirt man von den unmittelbar vorstehenden Gleichungen 3 durch 1, 4 durch 2, 3 durch 4, und 1 durch 2, so wird:

$$\left.\begin{array}{ll} 1. & \sin\frac{1}{2}(c+d):\sin\frac{1}{2}(c-d) = \operatorname{cotg}\frac{1}{2}B:\operatorname{tang}\frac{1}{2}(C-D) \\ 2. & \cos\frac{1}{2}(c+d):\cos\frac{1}{2}(c-d) = \operatorname{cotg}\frac{1}{2}B:\operatorname{tang}\frac{1}{2}(C+D) \end{array}\right\}$$

$$\left.\begin{array}{ll} 3. & \sin\frac{1}{2}(C+D):\sin\frac{1}{2}(C-D) = \operatorname{tang}\frac{1}{2}b:\operatorname{tang}\frac{1}{2}(c-d) \\ 4. & \cos\frac{1}{2}(C+D):\cos\frac{1}{2}(C-D) = \operatorname{tang}\frac{1}{2}b:\operatorname{tang}\frac{1}{2}(c+d) \end{array}\right\}$$

Sie heißen die Neperschen Analogien. Die beiden ersten vertreten F. 78 der ebenen Trig. — Man kann ihnen, wenn man zwischen den 4 Gleichungen des vorigen §. vollständig combinirt, durch Division von 1 durch 4 und von 3 durch 2, noch folgende beifügen:

$$5.\quad \tang \tfrac{1}{2} b : \frac{\sin \frac{1}{2}(c+d)}{\cos \frac{1}{2}(c-d)} = \tang \tfrac{1}{2} B : \frac{\cos \frac{1}{2}(C-D)}{\sin \frac{1}{2}(C+D)}$$

$$6.\quad \tang \tfrac{1}{2} b : \frac{\sin \frac{1}{2}(c-d)}{\cos \frac{1}{2}(c+d)} = \cotg \tfrac{1}{2} B : \frac{\sin \frac{1}{2}(C-D)}{\cos \frac{1}{2}(C+D)}.$$

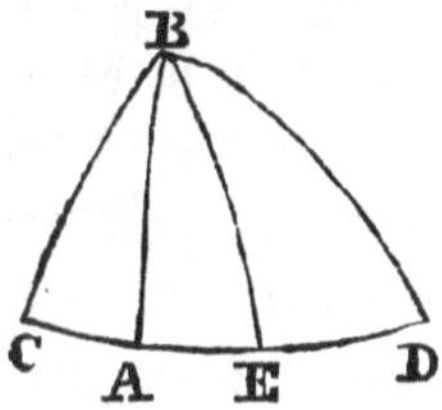

Fällt man im Dreieck BCD den Perpendikelbogen BA, nimmt AE = AC und zieht BE, so ist BCE gleichschenklig, AC und AD sind die Höhenabschnitte, DE ihr Unterschied. Wendet man nun die Neperschen Analogien auf das Dreieck BDE an, so erhält man aus 3 und 4, wenn man DE = β setzt, da BED = 180° — C, nach gehöriger Reduction:

$$\cos \tfrac{1}{2}(C-D) : \cos \tfrac{1}{2}(C+D) = \tang \tfrac{1}{2}\beta : \tang \tfrac{1}{2}(c-d)$$

$$\sin \tfrac{1}{2}(C-D) : \sin \tfrac{1}{2}(C+D) = \tang \tfrac{1}{2}\beta : \tang \tfrac{1}{2}(c+d).$$

Sie können gebraucht werden, um aus 2 Winkeln, und dem Unterschiede der Höhenabschnitte auf der zwischenliegenden Seite, die beiden Seiten des Dreiecks zu finden. — Aehnliche Formeln ergeben sich aus 1 und 2, wenn aus den beiden Seiten c und d und dem Unterschiede der Winkel ABD — ABC = EBD die den gegebenen Seiten gegenüberliegenden Winkel C und D gesucht werden. — Mit Zuziehung der Gaußischen Gleichungen ergiebt sich noch

$$\tang \tfrac{1}{2} b . \tang \tfrac{1}{2}\beta = \tang \tfrac{1}{2}(c+d) . \tang \tfrac{1}{2}(c-d)$$

$$\cotang \tfrac{1}{2} B . \tang \tfrac{1}{2}(EBD) = \tang \tfrac{1}{2}(C+D) . \tang \tfrac{1}{2}(C-D)$$

deren Ableitung zu suchen ist.

---

262. Bei Auflösung der Dreiecke, wenn keine andern Stücke als Seiten und Winkel derselben in Frage gestellt sind, kann man sich mit sehr wenigen Formeln behelfen. Wir wählen dazu folgende 3:

$$\text{I.}\quad \frac{\sin b}{\sin B} = \frac{\sin c}{\sin C} = \frac{\sin d}{\sin D} \quad \S.\ 242$$

$$\text{II.}\quad \tang \tfrac{1}{2} D = \sqrt{\left(\frac{\sin \frac{1}{2}(-b+c+d) \sin \frac{1}{2}(b-c+d)}{\sin \frac{1}{2}(b+c+d) \sin \frac{1}{2}(b+c-d)}\right)} \quad \S.\ 256$$

$$\text{III.}\quad \begin{cases} \sin\frac{1}{2}(c+d):\sin\frac{1}{2}(c-d) = \operatorname{cotg}\frac{1}{2}B:\operatorname{tang}\frac{1}{2}(C-D) \\ \cos\frac{1}{2}(c+d):\cos\frac{1}{2}(c-d) = \operatorname{cotg}\frac{1}{2}B:\operatorname{tang}\frac{1}{2}(C+D). \end{cases}$$

Die erste bezieht sich auf den Fall, wenn die in Frage gestellten Stücke 2 gleiche, die andere, wenn sie 2 ungleiche, die dritte, wenn sie nur eine Gruppe bilden. Die beiden Neperschen Proportionen in III. erhalten zwar 5 in Frage gestellte Stücke; dies hindert jedoch ihre Brauchbarkeit nicht, gewährt vielmehr den Vortheil, daß man statt des Einen gesuchten Stücks nebenbei noch ein anderes findet. So wie sie hier stehen, lehren sie unmittelbar aus 2 Seiten und dem eingeschlossenen Winkel die beiden übrigen Winkel durch ihre Summe und Unterschied finden.

263. Um mit diesen Formeln für alle Fälle auszureichen, muß man sie zunächst auf das Polardreieck anzuwenden wissen, wo man es dann mit lauter Supplementar-Elementen zu thun hat, und überall statt der Seiten Winkel, statt der Winkel Seiten erhält. Man habe z. B. die Formel II., und wolle aus den 3 Winkeln eine Seite berechnen, so nehme man aus den 3 Winkeln B, C, D, die 3 Seiten b, c, d, des Polardreiecks, suche nach II. den Winkel, welcher der gesuchten Seite gleichnamig ist, so ist diese dessen Supplement. — Die Rechnung mittelst des Polardreiecks ist fast eben so bequem als die directe. Die Formeln für die letztere, wenn Seiten und Winkel gegenseitig vertauscht sind, finden sich §. 258 n. 6 und 261, n. 3 und 4. Wir heben sie hier noch einmal heraus:

$$\text{IV.}\quad \operatorname{tang}\tfrac{1}{2}d = \sqrt{\left(\frac{\sin\frac{1}{2}(B+C+D-180^\circ)\sin\frac{1}{2}(B+C-D+180^\circ)}{\sin\frac{1}{2}(B-C+D+180^\circ)\sin\frac{1}{2}(-B+C+D+180^\circ)}\right)}$$

$$\text{V.}\quad \begin{cases} \sin\frac{1}{2}(C+D):\sin\frac{1}{2}(C-D) = \operatorname{tang}\frac{1}{2}b:\operatorname{tang}\frac{1}{2}(c-d) \\ \cos\frac{1}{2}(C+D):\cos\frac{1}{2}(C-D) = \operatorname{tang}\frac{1}{2}b:\operatorname{tang}\frac{1}{2}(c+d). \end{cases}$$

264. Die Formel III. und die daraus abgeleitete F. V. dient zugleich um die fehlenden Stücke zu finden, wenn 2 Seiten, und die ihnen gegenüberliegendeu Winkel bekannt sind. Giebt es also unter den Datis zwei gegenüberliegende Stücke, wo man dann das dem dritten Dato gegenüberliegende aus I. leicht finden kann, so läßt sich nun auch jedes der noch übrigen fehlenden Stücke herbeischaffen.

Aufg. 1. Es sollen die vorstehenden Formeln für den logarithmischen Gebrauch mit allen ihren Variationen zusammengestellt werden, und zwar unter folgenden Rubriken:

1stes System: Zwei Winkel und die ihnen gegenüberliegenden Seiten. Die Gleichungen finden sich in Aufg. §. 243 schon vor.

2tes System: Ein Winkel durch die 3 Seiten, aus II.

3tes System: Eine Seite durch die 3 Winkel, aus IV.

4tes System: Zwei Winkel durch die ihnen gegenüberliegenden Seiten und den 3ten Winkel aus III. (3 Doppelausdrücke).

5tes System: Zwei Seiten durch die ihnen gegenüberliegenden Winkel und die 3te Seite aus V. wie in 4.

6stes System: Ein Winkel durch die beiden andern Winkel und die ihnen gegenüberliegenden Seiten aus III.

7tes System: Eine Seite durch die beiden andern Seiten, und die ihnen gegenüberliegenden Winkel aus V.

Aufg. 2. Es sollen die §. 238 aufgestellten 12 Fälle, welche bei sphärischen Dreiecken vorkommen können, durchgegangen, und gezeigt werden, wie man in jedem dieser Fälle zu verfahren habe, um das gesuchte zu finden, ohne sich anderer als der F. I. bis III. zu bedienen. Man hat z. B. für den 3ten Fall, wenn CbD gegeben ist, und c, d gesucht werden:

$\mathfrak{c} = 180° - C$; $\mathfrak{B} = 180° - b$; $\mathfrak{d} = 180° - D$

und

$$\text{tang}\,\tfrac{1}{2}(\mathfrak{C}-\mathfrak{D}) = \frac{\sin\frac{1}{2}(\mathfrak{c}-\mathfrak{d})}{\sin\frac{1}{2}(\mathfrak{c}+\mathfrak{d})}\,\text{cotg}\,\tfrac{1}{2}\mathfrak{B}$$

$$\text{tang}\,\tfrac{1}{2}(\mathfrak{C}+\mathfrak{D}) = \frac{\cos\frac{1}{2}(\mathfrak{c}-\mathfrak{d})}{\cos\frac{1}{2}(\mathfrak{c}+\mathfrak{d})}\,\text{cotg}\,\tfrac{1}{2}\mathfrak{B}$$

$$\mathfrak{C} = \tfrac{1}{2}(\mathfrak{C}+\mathfrak{D})+\tfrac{1}{2}(\mathfrak{C}-\mathfrak{D})$$

$$\mathfrak{D} = \tfrac{1}{2}(\mathfrak{C}+\mathfrak{D})-\tfrac{1}{2}(\mathfrak{C}-\mathfrak{D})$$

$$c = 180^\circ - \mathfrak{C};\quad d = 180^\circ - \mathfrak{D}.$$

Der dritte Winkel findet sich nun aus I.

Determination rechtwinkliger Dreiecke.

265. Man versteht unter der Determination die Untersuchung, ob eine verlangte Construction, hier ein Dreieck, aus den gegebenen Stücken möglich, ob es bestimmt, oder zweideutig, oder unbestimmt sei. Es wird auch hier genügen, diese Untersuchung bloß in Beziehung auf dasjenige sphärische Dreieck zu führen, dessen übrige Begrenzungselemente spitz sind, da sich leicht ergiebt, daß, wenn dieses nicht möglich oder bestimmt u. s. w. ist, unter den entsprechenden Bedingungen die übrigen damit zusammengehörigen Dreiecke (§. 180) auch unmöglich, oder bestimmt u. s. w. sein werden. Man kann die Untersuchung entweder auf allgemeine geometrische Betrachtung des sphärischen Dreiecks, oder auf die zur Auflösung gefundene Formel gründen.

266. Ein rechtwinkliges Dreieck ist zuerst immer möglich, wenn zu demselben eine Seite und der anliegende Winkel, oder beide Katheten gegeben sind, vorausgesetzt, daß kein Datum größer als 180° sei (§. 183). Dagegen muß im spitzwinkl. Dreieck 1) $a > c$ oder b (die Hypotenuse größer als jede Kathete) (§. 210), 2) $C > c$ oder $B > b$ (der Winkel größer als die ihm gegenüberliegende Kathete) und 3) $B + C > 90^\circ$ sein (§. 187), wenn das Dreieck möglich sein soll. Im zweiten Falle findet zwar noch ein Dreieck statt, wenn $C = c$, allein es enthält 2 rechte Winkel und 2 Quadranten, und ist im Uebrigen völlig unbestimmt (§. 189).

Aufg 1. Es sollen die unter 1 — 3 aufgestellten Aussagen aus den Formeln für das rechtwinklige Dreieck (§. 224) hergeleitet werden. Man hat hierbei unter denen die Wahl, in welchen die beiden Data vorkommen. So ist z. B. aus §. 224 n. 1. $\cos b = \frac{\cos a}{\cos c}$. Nun muß $\cos b$ nothwendig kleiner als 1, mithin $\cos c$ größer als $\cos a$, d. h. a größer als c sein. Aus §. 224 n. 2 hat man $\cos B = \cot a . \tan c = \frac{\tan c}{\tan a} < 1$, mithin auch $a > c$ etc.

Aufg. 2. Es sollen die Bedingungen aufgestellt werden, unter welchen ein Dreieck bei den in 1 — 3 gegebenen beiden Stücken möglich ist, wenn diese entweder beide stumpf, oder, wo es angeht, eins spitz, das andere stumpf ist. So muß in n. 3, $B + C < 270°$, wenn beide stumpf, $C < 90° + B$, wenn C stumpf, B spitz ist. Die Herleitung kann entweder aus der geometrischen Betrachtung (§. 205 sq.), oder aus der Formel geschehen. So ist $\cos B = \frac{\tan c}{\tan a}$ immer möglich, wenn nur $\tan a$ absolut genommen größer als $\tan c$ ist, und kann für alle Fälle aus dieser Bedingung entwickelt werden. Das Ergebniß kann man in Form einer Tabelle zusammenstellen, deren Schema etwa folgende Rubriken hat: a) Geg. Stücke, b) Beschaffenheit, ob spitz oder stumpf, c) Dreieck, in welchen sie enthalten sind, d) Bedingung der Möglichkeit.

267. Ob in einem rechtwinkligen sphärischen Dreiecke das aus 2 gegebenen gesuchte dritte Stück spitz oder stumpf sei, läßt sich entweder aus §. 210 — 212 entscheiden, oder es bleibt unbestimmt, und im letztern Falle ist das Dreieck zweideutig. Auch kann man sich der Formel, durch welche das gesuchte dritte Stück aus den beiden gegebenen gefunden wird, zu dieser Untersuchung bedienen. Der einzige Fall, wo die Beschaffenheit des gesuchten Stücks in der That bestimmt, aber durch die Formel nicht dargelegt ist, ist der, wenn in der Gleichung (§. 224 n. 3.) $\sin c = \sin a . \sin C$ die Kathete oder der ihr gegenüberliegende Winkel gesucht wird. Da hier aber das gesuchte Stück mit dem einen der beiden gegebenen gleichartig sein muß, so ist die Beschaffenheit desselben, ob spitz oder stumpf, auf den ersten Blick entschieden.

268. Ist eine Kathete, und der ihr gegenüberliegende Winkel gegeben, so läßt sich über die Beschaffenheit des gesuchten Stücks nichts

entscheiden, da das Dreieck in der That zweideutig ist, indem das Nebendreieck an der geg. Seite, oder das Scheitelbreieck an dem geg. Winkel (beide sind symmetrische Dreiecke) dieselben geg. Stücke enthält, wie aus §. 180 klar ist. — Sind C und c gegeben, so werden die Dreiecke ABC und ABC', sind B und b geg., so werden ACB und ACB' der Aufgabe Genüge leisten. Es kommt daher nur darauf an, anzugeben, wie die 3 nicht gegebenen Stücke jedesmal zusammengehören, was sich nach §. 211, 212 vollständig enscheiden läßt.

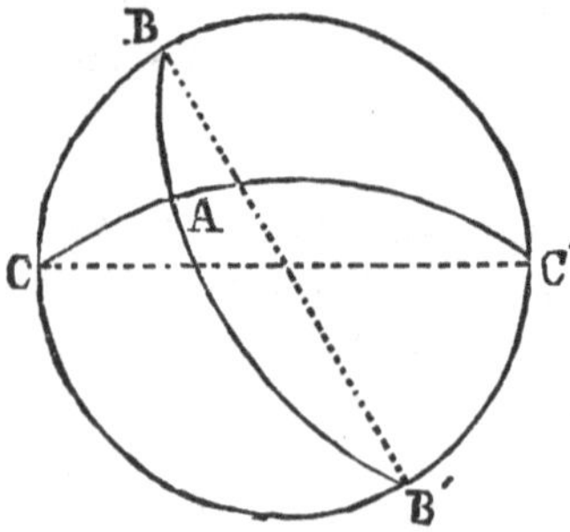

Sind C und c gegeben und gleichartig, so giebt es 2 Fälle:

C und c sind spitz. Nimmt man nun irgend eins der übrigen Elemente spitz, so müssen auch die übrigen spitz sein; nimmt man dagegen eins stumpf, so werden es auch die übrigen sein müssen.

C und c sind stumpf. (Im Dr. AB'C' oder AB'C.) Nimmt man nun b oder B spitz, so wird a stumpf, weil die Katheten ungleichartig sind; nimmt man dagegen b oder B stumpf, so wird a spitz, weil nun die Katheten gleichartig sind. Man kann dies in einem Satze so zusammenfassen:

Sind die gegebenen gegenüberliegenden Elemente spitz, so ist die Hypotenuse mit den gesuchten gegenüberliegenden Elementen gleichartig, im Gegentheil ungleichartig.

269. Aus dem Bisherigen kann man nun für die 6 Fälle (§. 224), welche bei rechtwinkligen Dreiecken vorkommen können, jedesmal entscheiden, wie das gesuchte Stück beschaffen sein werde, wenn es durch die Data bestimmt ist, und man wird sich die Resultate leicht in Form einer Tabelle zusammenstellen können. Die Entwickelung einer solchen Tabelle ist eine gute Uebung in der Beurtheilung aller vorkommenden Fälle, und muß von den Schülern gefordert werden, wenn

ihr Gebrauch znm Nachschlagen auch entbehrlich ist. Es soll daher hier nur das Schema und der Anfang gegeben werden.

Gegeben.	Gesucht.	Formel.	Die gesuchte Seite oder Winkel ist größer als 90°, wenn:	Die gesuchte Seite oder Winkel ist kleiner als 90°, wenn:
a, b Hyp. und Kath.	Kath. c	1, $\cos c = \frac{\cos a}{\cos b}$	a unglchtg. b b > 90°	a glchtg. b b < 90°
	W B			
	W. C	2, $\sin B = \frac{\sin b}{\sin a}$	a unglchtg. b	a glchtg. b
		3, $\cos C = \operatorname{ctg} a . \operatorname{tg} b$		
a, B	Kath. b	4, $\sin b = \sin a . \sin B$	B > 90°	B < 90° etc.

Determination schiefwinkliger sphärischer Dreiecke.

270. Wenn die Seiten und Winkel eines sphärischen Dreiecks nie größer als 180° angenommen werden dürfen, (§. 183), so läßt sich die Möglichkeit eines sphärischen Dreiecks aus gegebenen Stücken aus §. 187, 196, 210 beurtheilen. Es muß zuerst, wenn B, C, D die Winkel b, c, d die ihnen gegenüberliegenden Seiten bezeichnen:

$$(1)\quad b + c + d > 0 \qquad (2)\quad b + c > d$$
$$b + c + d < 360^\circ \qquad b + d > c$$
$$c + d > b.$$

Da nun jedes Dreieck ein Polardreieck hat, für welches dieselben Bedingungen gelten, und da es selbst als das Polardreieck eines möglichen Dreiecks betrachtet werden kann, so folgt, wenn man die §. 193 eingeführte Bezeichnung beibehält, aus (1)

$$180^\circ - \mathfrak{B} + 180^\circ - \mathfrak{C} + 180^\circ - \mathfrak{D} > 0,$$

mithin

$$540^\circ > \mathfrak{B} + \mathfrak{C} + \mathfrak{D} \quad (187)$$

$180^\circ - \mathfrak{B} + 180^\circ - \mathfrak{C} + 180^\circ - \mathfrak{D} < 360^\circ$, mithin $180^\circ < \mathfrak{B} + \mathfrak{C} + \mathfrak{D}$.

Aus (2):

$180^\circ - \mathfrak{B} + 180^\circ - \mathfrak{C} > 180^\circ - D$ mithin $180^\circ > \mathfrak{B} + \mathfrak{C} - \mathfrak{D}$ etc.

Es muß also in jedem sphärischen Dreiecke die Summe aller Winkel zwischen 2 und 6 Rechten liegen. Auch muß der Ueberschuß der Summe je zweier Winkel über den dritten kleiner als 180° sein. — Dies sind die Bedingungen der Möglichkeit eines Dreiecks aus 3 geg. Seiten oder aus 3 gegebenen Winkeln.

271. Aus zwei Seiten und dem eingeschlossenen Winkel, wie aus einer Seite und den beiden anliegenden Winkeln ist immer ein Dreieck möglich. Sind unter den gegebenen Stücken gegenüberliegende, wie C, c, so kann das dritte geg. Stück entweder eine Seite, oder ein Winkel sein. — Im ersten Falle ist durch den gegebenen Winkel C ein sphärisches Zweieck CBC'D bestimmt, auf dessen einem Schenkel man die anliegende Seite CB = d vom Scheitelpuncte aus abtragen kann. Fällt man nun den Perpendikelbogen BAB', so ist klar, daß für ein spitzes C, die Seite BD = c nicht kleiner als BA ($\sin BA = \sin d . \sin C$, wo BA mit C gleichartig zu nehmen ist), wohl aber kleiner als $BC' = 180^\circ - d$ sein müsse, wenn das Dreieck möglich sein soll. Ist C stumpf, so muß c zwischen B'A und $B'C' = d$ fallen. Die Grenzen fallen also zwischen die beiden Werthe, welche sin BA und sin d für BA und d ergeben.

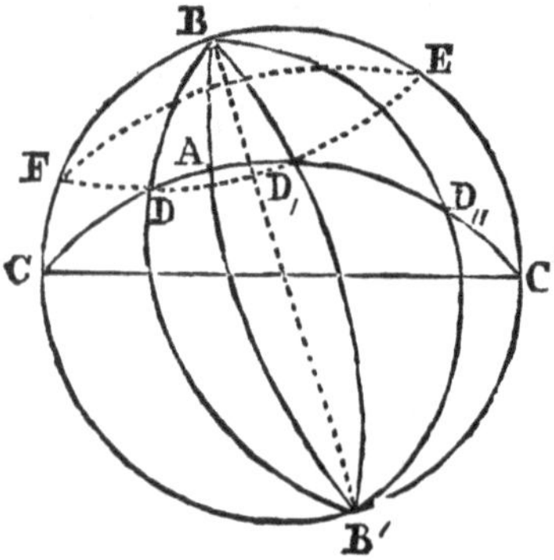

272. Kann in dem sphärischen Zweieck CBC'D, welches den geg. Winkel C, und die Seite CB = d enthält, die dritte geg. Seite BD = c nur auf einerlei Art gelegt werden, wie $BD_{,,}$, so ist das Dreieck bestimmt, kann sie aber 2 verschiedene Lagen erhalten, wie BD und $BD_{,}$, so ist das Dreieck aus den geg. Stücken zweideutig. Man beschreibe mit der Seite c aus B oder B' einen Kugelkreis EDF. Es kommt nun darauf an, ob CAC' von diesem auf derjenigen von CBC gerechneten Halbkugel, welche das Zweieck mit dem Winkel C enthält, zweimal geschnitten wird, oder nicht. Im ersten Falle leisten die beiden Dreiecke CBD und $CBD_{,}$ der Aufgabe Genüge, und man kann beide Werthe von $\sin D = \frac{\sin C . \sin d}{\sin c}$ gebrauchen, im andern nur Einen. — Sind C und d beide spitz, und $c < d$, so ist das Dreieck, wenn es möglich ist, entweder rechtwinklig oder zweideutig. Ist dagegen $c > d$, so ist es bestimmt, und der Winkel D, als der kleinern Seite gegenüberliegend, kleiner als C, mithin spitz.

Die Beschaffenheit der übrigen Stücke kann dann nach den Neperschen Proportionen beurtheilt werden. — Sind C oder d oder beide stumpf, so läßt sich aus dem Nebendreieck, worin beide spitz sind nach §. 180 alles herleiten. In dem folgenden Täfelchen sind die einzelnen Fälle aufgeführt.

Ist C spitz und d spitz, auch $c < d$,
so ist das Dreieck zweideutig BCD und BCD_1.

Ist C spitz und d spitz, auch $c > d$,
so ist das Dreieck bestimmt $BCD_{,,}$; D spitz.

Ist C spitz d stumpf, auch $c < 180^0 - d$,
so ist das Dreieck zweideutig BC′D und $BC'D_1$.

Ist C spitz d stumpf, auch $c > 180 - d$,
so ist das Dreieck bestimmt $BC'D_{,,}$; D stumpf.

Ist C stumpf d spitz, auch $c > 180 - d$,
so ist das Dreieck zweideutig B′C′D und $B'C'D_1$.

Ist C stumpf d spitz, auch $c < 180 - d$,
so ist das Dreieck bestimmt $B'C'D_{,,}$; D spitz.

Ist C stumpf d stumpf, auch $c > d$,
so ist das Dreieck zweideutig B′CD und B′CD .

Ist C stumpf d stumpf, auch $c < d$,
so ist das Dreieck bestimmt $B'CD_{,,}$; D stumpf.

273. In dem 2ten §. 271 aufgeführten Falle, wenn 2 Winkel und eine gegenüberliegende Seite, etwa C, D, c gegeben sind, hat man für das Polardreieck des gesuchten 2 Seiten und einen gegenüberliegen Winkel. Dieses kann also in Beziehung auf Möglichkeit, Zweideutigkeit oder Bestimmtheit untersucht, und daraus auf das Hauptdreieck zurückgeschlossen werden. Das dem obigen entsprechende Täfelchen ist dann:

Ist c stumpf D stumpf, auch $C > D$, so ist das Dreieck zweideutig.
" " " " " " $C < D$, " " " " bestimmt;
d stumpf.

Ist c stumpf D spitz, auch $180^0 - C < D$, so ist das Dr. zweideutig.
" " " " " " $180 - C > D$, " " " " bestimmt;
d spitz.

Ist c spitz D stumpf, auch $180 - C > D$, so ist das Dr. zweideutig.
" " " " " " $180 - C < D$, " " " " bestimmt; d stumpf

Ist c spitz D spitz, auch $C < D$, so ist das Dr. zweideutig.
" " " " " " $C > D$, " " " " bestimmt; d spitz.

274. In der Ausübung wird man sich, wenn man die Tafel nicht zur Hand oder im Sinne hat, etwa so verhalten können. Man lege die gegebenen zusammenhängenden Stücke (C und d oder c und D) aneinander, und gebe dem dritten Stücke eine beliebige Lage. Unter den 4 auf derselben Halbkugel liegenden zusammengehörigen Dreiecken muß Eins sein, in welchem die zusammenhängenden durch die Aufgabe mit gegebenem Stücke beide spitz sind. Dieses Dreieck ist bestimmt, wenn sich die Beschaffenheit des gesuchten Stücks aus §. 210 vollständig ergiebt; im Gegentheil zweideutig. Dieses Dreieck ist nun zwar nicht selbst immer das gesuchte, wohl aber eins seiner Nebendreiecke. Da diese aber durch das Hauptdreieck völlig gegeben sind, so werden sie mit ihm zugleich bestimmt oder zweideutig. — Ist z. B. d stumpf und C stumpf, so ist B′CD das aufzulösende Dreieck. Zu diesem gehört als Nebendreieck BCD, in welchen BC und BCD spitz sind. Es ist bestimmt oder zweideutig, je nachdem $BD (= 180° - c)$ größer oder kleiner als $BC (= 180° - d)$ ist.

Trigonometrische Gleichungen.

1. $\sin x^2 + \cos x^2 = 1$; $\sin x = \sqrt{(1 - \cos x^2)}$; $\cos x = \sqrt{(1 - \sin x^2)}$
2. $\sec x^2 - \operatorname{tg} x^2 = 1$; $\sec x = \sqrt{(1 + \operatorname{tg} x^2)}$; $\operatorname{tg} x = \sqrt{(\sec x^2 - 1)}$
3. $\operatorname{cosec} x^2 - \operatorname{cotg} x^2 = 1$; $\operatorname{cosec} x = \sqrt{(1 + \operatorname{cotg} x^2)}$; $\operatorname{cotg} x = \sqrt{(\operatorname{cosec} x^2 - 1)}$
4. $\operatorname{tg} x \, . \operatorname{cotg} x = 1$; $\operatorname{tg} x = \frac{1}{\operatorname{cotg} x}$; $\operatorname{cotg} x = \frac{1}{\operatorname{tg} x}$
5. $\sin x \, . \operatorname{cosec} x = 1$; $\sin x = \frac{1}{\operatorname{cosec} x}$; $\operatorname{cosec} x = \frac{1}{\sin x}$
6. $\cos x \, . \sec x = 1$; $\cos x = \frac{1}{\sec x}$; $\sec x = \frac{1}{\cos x}$
7. $\operatorname{tg} x = \frac{\sin x}{\cos x}$; $\sin x = \cos x \, . \operatorname{tg} x$; $\cos x = \frac{\sin x}{\operatorname{tg} x}$
8. $\operatorname{cotg} x = \frac{\cos x}{\sin x}$; $\cos x = \sin x \, . \operatorname{cotg} x$; $\sin x = \frac{\cos x}{\operatorname{cotg} x}$
9. $\operatorname{sinvers} x = 1 - \cos x$
10. $\operatorname{cosinvers} x = 1 - \sin x$.

---

11. $\sin(x + y) = \sin x \, . \cos y + \cos x \, . \sin y$
12. $\sin(x - y) = \sin x \, . \cos y - \cos x \, . \sin y$
13. $\cos(x + y) = \cos x \, . \cos y - \sin x \, . \sin y$
14. $\cos(x - y) = \cos x \, . \cos y + \sin x \, . \sin y$
15. $\operatorname{tg}(x \pm y) = \frac{\operatorname{tg} x \pm \operatorname{tg} y}{1 \mp \operatorname{tg} x \, . \operatorname{tg} y}$
16. $\operatorname{cotg}(x \pm y) = \frac{1 \mp \operatorname{tg} x \, . \operatorname{tg} y}{\operatorname{tg} x \pm \operatorname{tg} y}$
17. $\sin 2x = 2 \sin x \, . \cos x$ . . . . . . Aus F. 11.
18. $\cos 2x = \cos x^2 - \sin x^2 = 1 - 2 \, . \sin x^2 = 2 \cos x^2 - 1$ 13.1.
19. $\operatorname{tg} 2x = \frac{2 \operatorname{tg} x}{1 - \operatorname{tg} x^2}$ . . . . 15.
20. $\operatorname{cotg} 2x = \frac{1 - \operatorname{tg} x^2}{2 \operatorname{tg} x}$
21. $2 \sin \frac{1}{2} x^2 = 1 - \cos x$; $\sin \frac{1}{2} x = \sqrt{\left(\frac{1 - \cos x}{2}\right)}$ . . 18.
22. $2 \cos \frac{1}{2} x^2 = 1 + \cos x$; $\cos \frac{1}{2} x = \sqrt{\left(\frac{1 + \cos x}{2}\right)}$ . . 18.
23. $\operatorname{tg} \frac{1}{2} x = \sqrt{\left(\frac{1 - \cos x}{1 + \cos x}\right)} = \frac{\sin x}{1 + \cos x} = \frac{1 - \cos x}{\sin x}$. 21.22.1.
24. $\operatorname{cotg} \frac{1}{2} x = \sqrt{\left(\frac{1 + \cos x}{1 - \cos x}\right)} = \frac{1 + \cos x}{\sin x} = \frac{\sin x}{1 - \cos x}$

25. $\sin\frac{1}{2}x = \frac{1}{2}\sqrt{(1+\sin x)} - \frac{1}{2}\sqrt{(1-\sin x)}$. Aus F. 21.

26. $\cos\frac{1}{2}x = \frac{1}{2}\sqrt{(1+\sin x)} + \frac{1}{2}\sqrt{(1-\sin x)}$ . . . . 22.

27. $\sin(x+y) + \sin(x-y) = 2\sin x \,.\, \cos y$ . . . . 11.12.

28. $\cos(x+y) + \cos(x-y) = 2\cos x \,.\, \cos y$ . . . . 13.14.

29. $\sin(x+y) - \sin(x-y) = 2\cos x \,.\, \sin y$

30. $\cos(x-y) - \cos(x+y) = 2\sin x \,.\, \sin y$

Setzt man in diesen Formeln $x+y=a$, $x-y=b$ mithin $x = \frac{1}{2}(a+b)$, $y = \frac{1}{2}(a-b)$, so wird:

31. $\sin a + \sin b = 2\sin\frac{1}{2}(a+b)\ \cos\frac{1}{2}(a-b)$ . . . . 27.

32. $\cos a + \cos b = 2\cos\frac{1}{2}(a+b)\ \cos\frac{1}{2}(a-b)$ . . . . 28.

33. $\sin a - \sin b = 2\cos\frac{1}{2}(a+b)\ \sin\frac{1}{2}(a-b)$ . . . . 29.

34. $\cos b - \cos a = 2\sin\frac{1}{2}(a+b)\ \sin\frac{1}{2}(a-b)$ . . . . 30.

35. $\frac{\sin a + \sin b}{\cos a + \text{sos}\, b} = \text{tg}\,\frac{1}{2}(a+b)$ . . . . . . 31.32.

36. $\frac{\sin a - \sin b}{\cos a + \cos b} = \text{tg}\,\frac{1}{2}(a-b)$ . . . . . . 33.32.

37. $\frac{\sin a + \sin b}{\cos b - \cos a} = \text{cotg}\,\frac{1}{2}(a-b)$ . . . . . . 31.34.

38. $\frac{\sin a - \sin b}{\cos b - \cos a} = \text{cotg}\,\frac{1}{2}(a+b)$ . . . . . . 33.34.

39. $\frac{\sin a + \sin b}{\sin a - \sin b} = \text{tg}\,\frac{1}{2}(a+b)\ \text{cotg}\,\frac{1}{2}(a-b)$ . . . 31.33.

40. $\frac{\cos a + \cos b}{\cos b - \cos a} = \text{cotg}\,\frac{1}{2}(a+b)\ \text{cotg}\,\frac{1}{2}(a-b)$ . . 32.34.

41. $\frac{\sin(x+y)}{\cos x \,.\, \cos y} = \text{tg}\, x + \text{tg}\, y$ . . . . 11.

42. $\frac{\sin(x+y)}{\sin x \,.\, \sin y} = \text{cotg}\, x + \text{cotg}\, y$ . . . . . . 11.

43. $\frac{\sin(x-y)}{\cos x \,.\, \cos y} = \text{tg}\, x - \text{tg}\, y$ . . . . 12.

44. $\frac{\sin(x-y)}{\sin x \,.\, \sin y} = \text{cotg}\, y - \text{cotg}\, x$ . . . . . . 12.

45. $\frac{\sin(x+y)}{\sin x + \sin y} = \frac{\cos\frac{1}{2}(x+y)}{\cos\frac{1}{2}(x-y)}$ . . . . . . 17.31.

46. $\frac{\sin(x+y)}{\sin x - \sin y} = \frac{\sin\frac{1}{2}(x+y)}{\sin\frac{1}{2}(x-y)}$ . . . . . . 17.33.

47. $\frac{\sin(x-y)}{\sin x + \sin y} = \frac{\sin\frac{1}{2}(x-y)}{\sin\frac{1}{2}(x+y)}$

48. $\frac{\sin(x-y)}{\sin x - \sin y} = \frac{\cos\frac{1}{2}(x-y)}{\cos\frac{1}{2}(x+y)}$

49. $\sin(45^\circ + x) = \cos(45^\circ - x) = \sqrt{\left(\frac{1+\sin 2x}{2}\right)}$ Aus F. 21.

50. $\sin(45^\circ - x) = \cos(45^\circ + x) = \sqrt{\left(\frac{1-\sin 2x}{2}\right)}$

51. $\operatorname{tg}(45^\circ + x) = \operatorname{cotg}(45^\circ - x) = \sqrt{\left(\frac{1+\sin 2x}{1-\sin 2x}\right)} = \frac{1+\operatorname{tg} x}{1-\operatorname{tg} x}$ 15.

52. $\operatorname{tg}(45^\circ - x) = \operatorname{cotg}(45^\circ + x) = \sqrt{\left(\frac{1-\sin 2x}{1+\sin 2x}\right)} = \frac{1-\operatorname{tg} x}{1+\operatorname{tg} x}$

53. $\sin(30^\circ + x) = \cos x - \sin(30^\circ - x)$ . . . . . . 27.

54. $\cos(30^\circ + x) = \cos(30^\circ - x) - \sin x$ . . . . . . 30.

55. $\sin x + \cos x = \cos(45^\circ - x)\sqrt{2} = \cos(x - 45^\circ)\sqrt{2}$. 14.

56. $\sin x - \cos x = \sin(x - 45^\circ)\sqrt{2}$ . . . . . . 12.

57. $\cos x - \sin x = \sin(45^\circ - x)\sqrt{2}$

58. $1 + \operatorname{tg} x = \frac{\sin(x+45^\circ)\sqrt{2}}{\cos x} = \frac{\cos(x-45^\circ)\sqrt{2}}{\cos x}$ . . 41.

59. $1 + \operatorname{cotg} x = \frac{\sin(x+45^\circ)\sqrt{2}}{\sin x} = \frac{\cos(x-45^\circ)\sqrt{2}}{\sin x}$ . . 42.

60. $1 - \operatorname{tg} x = \frac{\sin(45^\circ - x)\sqrt{2}}{\cos x}$ . . . . 43.

61. $\operatorname{cotg} x - 1 = \frac{\sin(45^\circ - x)\sqrt{2}}{\sin x}$ . . . . 44.

62. $\operatorname{tg} x = \frac{1+\operatorname{tg} x}{1+\operatorname{cotg} x} = \frac{1-\operatorname{tg} x}{\operatorname{cotg} x - 1}$ . . . . . 58.61.

63. $1 + 2\sin x = 4\sin\frac{1}{2}(30^\circ + x)\cos\frac{1}{2}(30^\circ - x)$ . . 31.

64. $1 - 2\sin x = 4\cos\frac{1}{2}(30^\circ + x)\sin\frac{1}{2}(30^\circ - x)$ . . 33.

65. $1 + 2\cos x = 4\cos\frac{1}{2}(60^\circ + x)\cos\frac{1}{2}(60^\circ - x) = \frac{\sin\frac{3}{2}x}{\sin\frac{1}{2}x}$. 32.

66. $2\cos x - 1 = 4\sin\frac{1}{2}(60^\circ + x)\sin\frac{1}{2}(60^\circ - x) = \frac{\cos\frac{3}{2}x}{\cos\frac{1}{2}x}$. 34.

67. $\sin 30^\circ = \cos 60^\circ = \frac{1}{2} = \ldots 0{,}5$

68. $\sin 45^\circ = \cos 45^\circ = \sqrt{\frac{1}{2}} = \frac{1}{2}\sqrt{2} = 0{,}7071068$

69. $\sin 60^\circ = \cos 30^\circ = \frac{1}{2}\sqrt{3} = 0{,}8660254$

70. $\sin 18^\circ = \cos 72^\circ = \frac{1}{4}(-1+\sqrt{5}) = 0{,}3090170$

71. $\sin 36^\circ = \cos 54^\circ = \frac{1}{4}\sqrt{(10-2\sqrt{5})} = 0{,}5877853$

72. $\sin 54^\circ = \cos 36^\circ = \frac{1}{4}(1+\sqrt{5}) = 0{,}8090170$

73. $\sin 72^\circ = \cos 18^\circ = \frac{1}{4}\sqrt{(10+2\sqrt{5})} = 0{,}9510565$

Gleichungen für ebene Dreiecke.

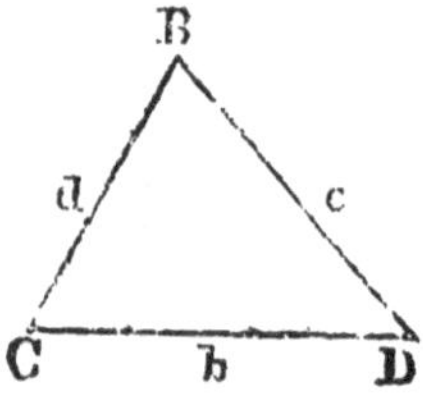

Es bezeichne p die Peripherie des Dreiecks, oder die Summe der Seiten, also $p = b + c + d$, $\triangle$ den Flächeninhalt, r den Halbmesser des umschriebenen, ϱ des eingeschriebenen Kreises.

74. $\frac{b}{\sin B} = \frac{c}{\sin C} = \frac{d}{\sin D}$

75. $c = d \,.\, \frac{\sin C}{\sin D} = \frac{d \,.\, \sin C}{\sin (B + C)}$

76. $\sin C = \frac{c}{d} \,.\, \sin D$

77. $\operatorname{tang} D = \frac{d \,.\, \sin C}{b - d \,.\, \cos C}$

78. $\operatorname{tg} \frac{1}{2}(B - D) = \frac{b - d}{b + d} \operatorname{tg} \frac{1}{2}(B + D) = \frac{b - d}{b + d} \operatorname{cotg} \frac{1}{2} C$

79. $d^2 = b^2 + c^2 - 2bc \,.\, \cos D.$

80. $\cos D = \frac{b^2 + c^2 - d^2}{2bc}$

81. $\cos \frac{1}{2} D = \sqrt{\left(\frac{(b+c+d).(b+c-d)}{4bc}\right)} = \sqrt{\left(\frac{\frac{1}{2}p(\frac{1}{2}p - d)}{bc}\right)}$

82. $\sin \frac{1}{2} D = \sqrt{\left(\frac{(b-c+d)(-b+c+d)}{4bc}\right)} = \sqrt{\left(\frac{(\frac{1}{2}p - c)(\frac{1}{2}p - b)}{bc}\right)}$

83. $\operatorname{tg} \frac{1}{2} D = \sqrt{\left(\frac{(b-c+d)(-b+c+d)}{(b+c+d)(b+c-d)}\right)} = \sqrt{\left(\frac{(\frac{1}{2}p - c)(\frac{1}{2}p - b)}{\frac{1}{2}p(\frac{1}{2}p - d)}\right)}$

84. $\sin D = \frac{1}{2bc} \sqrt{[(b+c+d)(b+c-d)(b-c+d)(-b+c+d)]}$
$= \frac{2}{bc} \sqrt{[\frac{1}{2}p(\frac{1}{2}p - b)(\frac{1}{2}p - c)(\frac{1}{2}p - d)]}$

85. $\triangle = \frac{1}{2} bc \,.\, \sin D$

86. $\triangle = \frac{1}{4} \sqrt{[(b + c + d)(b + c - d)(b - c + d)(-b + c + d)]}$
$= \sqrt{[\frac{1}{2}p(\frac{1}{2}p - b)(\frac{1}{2}p - c)(\frac{1}{2}p - d)]}$

87. $\triangle = \frac{\frac{1}{2} b^2 \sin C \,.\, \sin D}{\sin B}$

88. $\triangle = \frac{1}{4} c^2 \,.\, \sin 2D \pm \frac{1}{4} d^2 \sin 2C$

89. $r = \frac{b}{2 \sin B}$

90. $r = \frac{bcd}{4\sqrt{[\frac{1}{2}p(\frac{1}{2}p - b)(\frac{1}{2}p - c)(\frac{1}{2}p - d)]}}$

91. $\varrho = \frac{b}{\operatorname{cotg} \frac{1}{2} D + \operatorname{cotg} \frac{1}{2} C}$

92. $\varrho = \frac{b \,.\, \sin \frac{1}{2} C \,.\, \sin \frac{1}{2} D}{\cos \frac{1}{2} B}$

93. $b : DE = \sin (C + D) : \sin (C - D)$

94. $b : (c + d) = \cos \frac{1}{2}(C + D) : \cos \frac{1}{2}(C - D)$

95. $b : (c - d) = \sin \frac{1}{2}(C + D) : \sin \frac{1}{2}(C - D)$

96. $(c + d) : DE = \sin \frac{1}{2}(C + D) : \sin \frac{1}{2}(C - D)$

97. $(c - d) : DE = \cos \frac{1}{2}(C + D) : \cos \frac{1}{2}(C - D)$

(93–97: Fig. §. 137.)

Trigonometrische Hauptformeln.

Functionen eines Winkels.

1. $\left\{\begin{array}{l} \sin x^2 + \cos x^2 = 1 \\ \sec x^2 - \tang x^2 = 1 \\ \operatorname{cosec} x^2 - \operatorname{cotg} x^2 = 1 \end{array}\right\}$ Pyth. Lehrsatz.

2. $\left\{\begin{array}{l} \tang x \, . \, \operatorname{cotg} x = 1 \\ \sin x \, . \, \operatorname{cosec} x = 1 \\ \cos x \, . \, \sec x = 1 \end{array}\right\}$ Recipr. Werthe.

3. $\tang x = \frac{\sin x}{\cos x}$

Functionen zweier Winkel an einem Puncte.

4. $\sin(x \pm y) = \sin x \, . \cos y \pm \cos x \, . \sin y$

5. $\cos(x \pm y) = \cos x \, . \cos y \mp \sin x \, . \sin y$

6. $\tang(x \pm y) = \frac{\tang x \pm \tang y}{1 \mp \operatorname{tg} x \, . \operatorname{tg} y}$

7. $\sin 2x = 2 \sin x \, . \cos x$

8. $\cos 2x = \cos x^2 - \sin x^2$

9. $\tang 2x = \frac{2 \, . \tang x}{1 - \tang x^2}$

10. $2 \sin \frac{1}{2} x^2 = 1 - \cos x$

11. $2 \cos \frac{1}{2} x^2 = 1 + \cos x$

12. $\tang \frac{1}{2} x^2 = \frac{1 - \cos x}{1 + \cos x}$

Gleichungen für das ebene Dreieck BCD, dessen Seiten b, c, d, und dessen Flächeninhalt △ ist.

13. $\frac{b}{\sin B} = \frac{c}{\sin C} = \frac{d}{\sin D}$

14. $d^2 = b^2 + c^2 - 2bc \, . \cos D$

15. $(b+d):(b-d) = \operatorname{tg}\frac{1}{2}(B+D):\operatorname{tg}\frac{1}{2}(B-D)$

16. $\triangle = \frac{1}{2} b c \, . \sin D$

17. $\triangle = \sqrt{[\frac{1}{2}p(\frac{1}{2}p-b)(\frac{1}{2}p-c)(\frac{1}{2}p-d)]}$
wenn p die Summe der Seiten bez.

Gleichungen zur Auflösung sphärischer Dreiecke.

Für rechtwinklige:

Man setze für die Katheten ihre Complemente zu 90°, so ist:

18. Der Cosinus des mittlern Stücks gleich dem Producte aus den Sinus der abgesonderten, und den Cotangenten der anliegenden Stücke.

Für das schiefwinklige Dreieck BCD, dessen Seiten b, c, d:

19. $\frac{\sin b}{\sin B} = \frac{\sin c}{\sin C} = \frac{\sin d}{\sin D}$

20. $\operatorname{tg}\frac{1}{2} B = \sqrt{\left(\frac{\sin\frac{1}{2}(b+c-d) . \sin\frac{1}{2}(b-c+d)}{\sin\frac{1}{2}(b+c+d) \sin\frac{1}{2}(-b+c+d)}\right)}$

21. $\left\{\begin{array}{l} \sin \frac{1}{2}(b+c) : \sin \frac{1}{2}(b-c) \\ \quad = \operatorname{cotg} \frac{1}{2} D : \operatorname{tg} \frac{1}{2}(B-C) \\ \cos \frac{1}{2}(b+c) : \cos \frac{1}{2}(b-c) \\ \quad = \operatorname{cotg} \frac{1}{2} D : \operatorname{tg} \frac{1}{2}(B+C) \end{array}\right.$

Druckfehler.

Seite 1 Zeile 18 statt gar lies zwar.

— 9 — 3 v. u. st. longistischen l. logistischen.

— 15 — 1 Anm. st. $(\sin x^2)$ l. $(\sin x)^2$

— 18 — 3 st. finden l. treffen

— 22 — 8 am Ende ergänze §. §.

— 29 — 21 st einen Gang l. einen gewissen Gang

— 39 — 19 st. Winkel vergrößert l. Winkel um 90° vergrößert

— 48 — 2 v. u. st. $D < C$ l. $D > C$

— — — 1 v. u. st. $\frac{d}{c} > \sin D$ l. $\frac{d}{c} < \sin D$

— 49 §. 107. Z. 3 st. BC l. AC

— 51 §. 112. Afg. 1 Z. 1 st. 77 l. 78

— 56 letzte Zeile st. nur l. woraus

— 83 Zeile 6 v. u. st. b l. b

— 97 letzte Zeile st. mna l. man.